U0103285

都柏林核心集在 UNIMARC 和機讀權威記錄格式的應用探討

吳政叡著

臺灣 學生書局 印行

自　序

本書《都柏林核心集在 UNIMARC 和機讀權威記錄格式的應用探討》是作者所寫作有關都柏林核心集的第三本專書，主要是延續第二本書《都柏林核心集探討：機讀編目格式與檢索失誤率》的主題，繼續就都柏林核心集在圖書館應用的其他理論與實務課題，做更深入的探討。另一方面，也配合都柏林核心集在修飾詞和 RDF 的最新發展，更新了部份有關都柏林核心集的介紹內容。

都柏林核心集是資源描述型元資料（Metadata）的一種，元資料主要是描述資料屬性的資訊，用來支持如指示儲存位置、資源尋找、文件記錄、評價、過濾等的功能。以圖書館的角度來看，就其本義和功能而言，元資料可說是電子式目錄，因爲編製目錄的目的，即在描述收藏資料的內容或特色，進而達成協助資料檢索的目的。因此元資料是用來揭示各類型電子文件或檔案的內容和其他特性，其典型的作業環境是電腦網路作業環境。換言之，元資料是因應現代資料處理上的二大挑戰而興起的：一是電子檔案成爲資料的主流，另外一個是網路上大量文件的管理和檢索需求。

現在將本書的章節介紹如下：第一章是元資料與都柏林核心集的簡介，一方面幫助讀者對元資料能有一個清楚的整體概念，另一方面，非常詳細的介紹都柏林核心集的重要特色、基本欄位、修飾詞。由於都柏林核心集自作者的第二本書《都柏林核心集探討：機讀編目格式與檢索失誤率》出版後，在修飾詞和 RDF 部份又有不小的變化，因此本書中很多都柏林核心集的相關部份，已重新改寫或者修訂過。

第二章延續了《都柏林核心集探討：機讀編目格式與檢索失誤率》一書中對機讀編目格式的探討，詳細分析和解說從國際機讀編目格式（UNIMARC）到都柏林核心集的轉換方法與對照表，爲了滿足不同讀者的需求，製作了二種表格，一份爲中文表格，一份爲英文表格。由於 UNIMARC 的主要功能是作爲各種 MARC 的溝通橋樑，因此這個對照表的意義格外深遠，可以說是各種機讀編目格式到都柏林核心集的一座橋樑。

第三章是探討中國機讀權威記錄格式到都柏林核心集的轉換，由於權威記錄在書目品質控制和檢索方面，扮演著非常重要的角色，因此也有必要將其轉換納入都柏林核心集中。值得一提的，在轉換機讀權威記錄格式到都柏林核心集的過程，作者更能體會到都柏林核心集簡單有彈性的奧妙，配合無必須著錄項的原則，使都柏林核心集能輕易納入權威記錄，而將機讀編目格式和機讀權威記錄格式兩種差異甚大的格式統合處理。

第四章介紹梵諦岡地區中文聯合館藏系統（United Chinese System，簡稱 UCS），這是脫胎於作者所寫的一個都柏林核心集實驗系統——分散式元資料系統（DIMES）。中文聯合館藏系統（UCS）是一個簡易的圖書館自動化系統，也是都柏林核心集在圖書館的一個應用系統與實例。UCS 的成功，除了充分驗證都柏林核心集在書目資料處理上的功效，也爲書目資料與 WWW 網頁合併處理的可行性，提供了一個最佳的範例。

第五章是未來發展與結語，主要介紹都柏林核心集資料模型工作小組所提出的 DC/RDF 模型，根據其 1999 年 7 月 1 日所發表的草案，在都柏林核心集修飾詞的實作機制上，有較重大的改變。除了保留語言修飾詞外，引進內容值修飾詞（Value Qualifier）、項目修飾詞（Element Qualifier）、內容值成份（Value Component）等三種基本的修飾詞，其中的內容值修飾詞（Value Qualifier）與 DC/HTML 之架構修飾詞（Scheme Qualifier）約略對映，項目修飾詞（Element Qualifier）則與 DC/HTML 之次項目修飾詞（Subelement Qualifier）約略對映，內容值成份（Value Component）主要是與個別資源無關的資料，例如作者的 e-mail、網頁網址、電話、住址等。同時 DC/RDF 的修飾詞實作機制是「集合－次集合－元素」，其中集合可以 Value Qualifier 或 Element Qualifier 來替換，次集合為 identifierScheme 或 identifierType 等，元素則由相關的內容值（例如 ISBN）來取代。此外為了使每個名稱的意義明確，也引入了 Namespace（名稱空間）的概念，資料模型工作小組提出的草案中，引入了三個與都柏林核心集相關的名稱空間，其代稱分別為 dc、dcq、dct。

本書的完成代表在都柏林核心集上所搭建的圖書館技術服務舞台已大致完成，首先機讀編目格式（MARC）到都柏林核心集的轉換對照表，不但可使都柏林核心集接收過去機讀編目格式所累積的資產，更可以用來模擬一個圖書館員所熟悉的環境，協助其瞭解和掌握新的資料格式。由於權威記錄在書目品質控制和檢索方面，扮演著非常重要的角色，中國機讀權威記錄格式到都柏林核心集的轉換對照表，擔保書目品質控制工作，將可順利延續。最後，中文聯合館藏系統（United Chinese System，簡稱 UCS），一個都柏林核心集在圖書館的一個應用系統，充分驗證都柏林核心集在書目資料處理上的功效。

整個舞臺布置工作尚欠缺的是編目規則手冊的改寫，這部份工作已在進行中，截至目前已有數篇文章發表在國內相關的圖書館學期刊上，希望在可預見的將來，能夠整理這部份的論述成書。

作者撰寫本書時雖然力求完善，然而一己的能力畢竟有限，疏漏在所難免，尚祈各界先進和同業不吝指正。最後本書的完成，要感謝家人和同儕的協助，也是本書完成不可或缺的助力，在此表達最深的謝意。

吳政叡　謹識

民國 88 年 9 月

於輔仁大學圖書資訊系

都柏林核心集在 UNIMARC 和機讀權威記錄格式的應用探討

目　次

圖表目次

第一章　元資料簡介與都柏林核心集

1990 年代在資訊的處理和檢索相關領域中，幾個最耀眼的名詞是：網際網路(Internet)、全球資訊網(World-Wide Web)、搜尋引擎(Search Engine)、國家資訊基礎建設(National Information Infrastructure)、電子圖書館(Digital Library)、元資料(Metadata)。❶網際網路是自 1969 年以來連結全世界的一個大網路，全球資訊網(Web)是 1990 年代初誕生的一種建基於網際網路上的加值型服務，全球資訊網的主要貢獻，是將網際網路從學術界帶入一般人的日常生活中，而搜尋引擎則是因應全球資訊網網頁檢索需求而來的一種檢索工具。在未來的發展上，國家資訊基礎建設將成爲網際網路的後繼者，電子圖書館將逐漸取代傳統圖書館所扮演的角色，成爲一個資訊處理和提供的統合中心，而元資料將在未來的電子圖書館中，扮演如同目錄在傳統圖書館中的角色，提供處理和檢索電子資料所需的必要資訊。

再從資訊傳播的角度來看，資訊的傳播方式在網際網路和 WWW 盛行前，是主要以下面的方式進行：資料提供者→圖書館和其他中介

❶ 吳政叡，簡單都柏林核心集和著者著錄趨勢，蔣復璁先生百歲誕辰紀念文集（臺北市：圖書館學會，民 87 年 11 月）頁 168。

機構→資料使用者，其主要的特色是間接傳播，也就是資料提供者（如出版社）和資料使用者（如個人）間，由於空間和距離等的限制，並無有效率的直接溝通管道，因此知識的傳播和銷售，往往需要透過一些中介機構，如圖書館和書店的幫助，其中圖書館是社會公共機構的一環，所以圖書館扮演了資料儲存和傳播者的主要角色。爲了有效達成做爲媒介者和橋樑的角色，使圖書館能夠有效率的來管理所擁有的資料，以便使用者可以很快找到所需的資料，圖書館須要有一套很好的方法，來描述所收藏的資料。於是有目錄的產生，來提綱契領的整理資料，和對資料加以適當的描述，以協助資料的檢索。因此製作目錄的主要目的之一，是希望透過對資料的著錄和描述，來減少不必要的調閱和取得原件的次數。

雖然今日電腦科技突飛猛進，電子媒體儲存資料的能力大增，電腦的運算速度驚人，但是有效率的檢索，仍是一個重要的問題亟待解決，從今日人們在使用搜尋引擎時所面臨的困境，已非常清楚的顯示此論點。換言之，爲了資料檢索和管理的需要，對資料的適當描述仍是必須的，因此某種形態的電子目錄有其必要性，而這正是元資料在現代資料處理上所扮演的主要角色之一。

第一節　元資料簡介

自古以來人們即不斷尋求更好的材料來儲存知識，以便流傳後世，從以前的泥土、動物骨頭、龜殼、紙張，到今日最新興的電子儲存媒體（如光碟片和磁碟片）。但有了材料來記載知識後，隨著儲存材料的不斷累積，如何快速找到所需要的資料，也成爲人們關心的一個課題。元資料即是因應現代資料處理上的二大挑戰而興起的。

㈠電子檔案成爲資料的主流。

㈡網路上大量文件的管理和檢索需求。

以電子檔案來說，由於電子檔案有很多異於紙張媒體的特性，如電子檔案格式的複雜和多變性，使傳統的處理技術（如機讀編目格式）面臨嚴重的挑戰。紙張媒體有很多的優點，如質輕、易使用等，其中一個優點是電子媒體所沒有的，那就是用肉眼即可閱讀。紙張媒體的資料，祇要不腐爛，數千年後的子孫，依然可以用他們的肉眼來閱讀。

用電子媒體儲存的資料，可就沒這麼幸運了，相對於人眼祇有一種，解讀電子檔案的電子眼則是千變萬化的。首先，資料是以數位的 0 和 1 存在於電子媒體(如磁碟片)上，須有適當的設備(如磁碟機)來讀取，而此週邊設備又須有對等的中央處理器(CPU)來指揮。當一串的 0 和 1 載入主記憶體後，須有適當的軟體來詮釋這一串的 0 和 1，因此又牽涉到所使用的字元集(如 ASCII、Big 5 等)和檔案格式，以電子檔案格式而言，現已有成千上萬種格式存在。另一方面，軟體也須有對等的作業系統(OS)和中央處理器的支持才能工作。因此電子檔案的儲存，不僅牽涉到資料檔本身而已，還涉及眾多的軟體和硬體設備。由以上的說明可知，隨著電子圖書館的普及，和電子媒體資料的大量存在，眾多檔案格式的處理，將成爲資料儲存和管理上的一大問題。

元資料（Metadata）最常見的英文定義是“data about data”❷，

---

❷ E.P. Shelley and B.D. Johnson, “Metadata: Concepts and Models,” in *Proceedings of the Third National Conference on the Management of Geoscience Information and Data* (Adelaide, Australia: Australian Mineral Foundation, 1995), pp. 1-5.

可直譯爲描述資料的資料，其定義和內涵則各家說法不同，以下列舉數例如下：

M. Day 和 A. Powell 認爲元資料是❸

> 資料用來協助對網路資源的識別、描述、指示位置。

L. Dempsey 和 R. Heery 定義爲❹

> 描述資料屬性的資料，用來支持如指示儲存位置、資源尋找、文件記錄、評價、過濾等功能。

R. Iannella 和 A. Waugh 認爲元資料是❺

> 用來描述一個網路資源，提供如它是什麼？用途爲何？在哪裡？等等的資訊。

作者認爲元資料是❻

---

❸ M. Day and A. Powell, "Metadata," 24 Jan. 1998, <http://www.ukoln.ac.uk/metadata/>, p. 1.

❹ L. Dempsey and R. Heery, "An Overview of Resource Description Issues," March 1997, <http://www.ukoln.ac.uk/metadata/DESIRE/overview/rev_01.htm>, p. 1.

❺ R. Iannella and A. Waugh, "Metadata: Enabling the Internet," <http://www.dstc.edu.au/RDU/reports/CAUSE97/index.html>, (26 Jan. 1998), p. 1.

用來揭示各類型電子文件（或資源）的內容和其他特性，以協助對資料的處理和檢索，其典型的作業環境是電腦網路的作業環境。❻

以圖書館學的角度來看，元資料就其本義和功能而言，可說是電子式目錄。編製目錄的目的，即在描述收藏資料的內容或特色，進而達成協助資料檢索的目的。

元資料因其處理對象與功能的不同，而有各式各樣的種類，再加上新的元資料不斷的在誕生，因此也不可能一一列舉。分類方式上學者也各有自己的看法，下面是其中的一些例子。

S. Weibel 等三位學者在「The 4th Dublin Core Metadata Workshop Report」中按欄位的有無和複雜程度，將資源描述性資料分成下面五種：❼

㈠全文索引化—主要使用電腦來製作索引，如一般的搜尋引擎 Infoseek 等。

㈡無欄位名詞集—由一群未結構化的（即無欄位屬性）的名詞組成，例如由作者或圖書館員所給的關鍵字。

㈢基本欄位架構—由少量有明確意義的基本欄位組成，例如 IAFA（Internet Anonymous FTP Archives）/whois++ templates 和無修飾

---

❻ 吳政叡，元資料實驗系統和都柏林核心集的發展趨勢，國立中央圖書館臺灣分館館刊 4 卷 2 期（民 86 年 6 月）頁 12。

❼ S. Weibel, R. Iannella, and W. Cathro, "The 4th Dublin Core Metadata Workshop Report," June 1997, <http://www.dlib.org/dlib/june97/metadata/06weibel.html>, p. 3.

詞的都柏林核心集。

(四)修飾詞欄位架構—有修飾詞來進一步規範一群的基本欄位，例如都柏林核心集的坎培拉修飾詞。❽

(五)複雜結構—欄位架構複雜完整，例如 MARC（Machine-readable cataloging）、TEI（Text Encoding Initiative）等。

L. Dempsey 和 R. Heery 依資料記錄（record）的有無結構性和複雜程度，以及其他特性，將（資源描述性）元資料分成三種：❾

(一)使用未結構化的資料（即原始資料），如搜尋引擎 Lycos, Altavista 等，通常是使用電腦來自動抓取資料（如網頁）和自動製作索引，來支援資料的查詢。（作者註：嚴格來說，此類型的資料不能稱之為元資料，因為它是使用原始資料或由電腦自動製作的索引，而索引並非元資料。）

(二)使用結構化的資料（即非原始資料），可支持欄位查詢，資料結構簡單，可由非專家或文件創造者自行著錄，如都柏林核心集等。

(三)使用較完整的描述格式，可用來記錄文件或描述一組物件（文件）及彼此間的關聯，可支持資源定位和發現，通常由專家來著錄。

上述兩種觀點雖有小異，但基本上是雷同的，都是按欄位屬性的有無和複雜程度來歸類。值得注意的，元資料不論是簡單或複雜，都各有其適用的場所，不能單純以其欄位結構的簡單或完整來評比優

❽ 同註❼，頁5-6。

❾ 同註❹，頁4。

劣。一般而言，越複雜的欄位設計，其製作成本越大，每筆記錄的著錄時間相對較長，著錄人員所須的專業程度越高，如圖書館普遍使用的機讀編目格式。

至於元資料的種類，下面是一些比較常見的清單。首先，國際圖書館協會聯盟（International Federation of Library Association and Institutions，簡稱 IFLA）在描述元資料資源的首頁中❿，列舉了以下的元資料種類：Dublin Core、EAD (Encoded Archival Description)、FGDC's Content Standard for Digital Geospatial Metadata、DIF (Directory Interchange Format)、GILS (Government Information Locator Service)、IAFA/whois++ templates、MARC、PICS (Platform for Internet Content Selection)、RDM (Resource Description Messages)、SOIF (Summary Object Interchange Format)、SHOE (Simple HTML Ontology Extensions)、TEI、URC (Uniform Resource Characteristics)、X3L8 Proposed ANSI standard for data representation。

其次是在『Judy And Magda's List of Metadata Initiatives』的網頁中，按類別提出一些經常被廣泛使用或具有潛力的元資料如下：⓫

㈠通用描述型—MARC、Dublin Core、Edinburgh Engineering Virtual Library (EEVL)、Semantic Header for Internet Documents、GILS、URC、X3L8 Proposed ANSI standard for data representation、IAFA

---

❿ IFLA, "DIGITAL LIBRARIES: Metadata Resources," 24 March 1997, <http://www.nlc-bnc.ca/ifla/II/metadata.htm>。

⓫ J. Ahronheim, "Judy and Magda's List of Metadata Initiatives," 2 Nov. 1997, <http://www-personal.umich.edu/~jaheim/alcts/bibacces.htm>.

Templates、NetFirst、Header for HTML documents、SOIF、MCF (Meta content Format)、PICS。

㈡文字檔描述型—TEI、BibTex、Gruber Ontology for Bibliographic Data、RFC 1807。

㈢數據資料類—ICPSR Data Documentation Initiative、SDSM (Standard for Survey Design and Statistical Methodology Metadata)。

㈣音樂類—SMDL (Standard Music Description Language)。

㈤圖像與物件類—CDWA (Categories for the Description of Works of Art)、CIMI (Consortium for the Computer Interchange of Museum Information)、VRA Core Categories、MESL Data Dictionary。

㈥地理資料類—FGDC's Content Standards for Digital Geospatial Metadata。

㈦檔案保存類—EAD、Z39.50 Profile for Access to Digital Collections、Fattahi Prototype Catalogue of Super Records。

最後 L. Dempsey 和 R. Herry 在『A review of metadata: a survey of current resource description formats』一文中⓬，列舉了以下的資源描述型元資料：BibTex、CDWA、CIMI、Dublin Core、EAD、EELS Metadata Format、EEVL Metadata Format、FGDC's Content Standard for Geospatial Metadata、GILS、IAFA/whois++ Templates、ICPSR SGML Codebook Initiative、LDIF (LDAP Data Interchange Format)、MARC、

⓬ L. Dempsey and R. Herry, "A review of metadata: a survey of current resource description formats," 20 Oct. 1997, <http://www.ukoln.ac.uk/metadata/DESIRE/overview/rev_toc.htm>.

PICA+、RFC 1807、SOIF、TEI、URC。

上述三種列表雖不盡相同，但有很大一部分是重覆的，包括 Dublin Core、FGDC's Content Standard for Geospatial Metadata、GILS (Government Information Locator Service)、IAFA/whois++ templates、PICS (Platform for Internet Content Selection)、SOIF (Summary Object Interchange Format)、TEI (Text Encoding Initiative)、URC (Uniform Resource Characteristics)、X3L8 Proposed ANSI standard for data representation 等。

本書的主題都柏林核心集（Dublin Core）是 1995 年 3 月由國際圖書館電腦中心（Online Computer Library Center，簡稱 OCLC）和 National Center for Supercomputing Applications（NCSA）所聯合贊助的研討會，經過五十二位來自圖書館、電腦和網路方面的學者和專家，共同研討下的產物。目的是希望建立一套描述網路上電子文件特色的方法，來協助資訊檢索。因此在研討會的報告中，將元資料定義爲資源描述（resource description），而研討會的中心問題是——如何用一個簡單的元資料記錄來描述種類繁多的電子物件？⓭主要的目標是發展一個簡單有彈性，且非圖書館專業人員也可輕易了解和使用的資料描述格式，來描述網路上的電子文件，有關它的格式和特色的詳細說明，請參見以下章節的介紹。

總結來說，元資料是因爲全球資訊網的作業環境，和電子檔案逐漸成爲資料主流等趨勢而興起的資料描述格式。元資料除了負起傳統

⓭ 吳政叡，三個元資料格式的比較分析，中國圖書館學會會報 57 期（民 85 年 12 月），頁 39。

目錄指引資料和協助檢索的功能外，在格式的設計上，也須能顧及電子檔案所獨有的一些特性，如檔案格式的種類繁多、資料轉換需求頻繁、版本辨識困難等問題。

第二節 都柏林核心集的興起

在資訊的傳播方式上，網際網路和 WWW 盛行前，圖書館可以說是主要的媒介者，來溝通資料提供者（如出版社）和資料使用者（如讀者），所以圖書館扮演了資料儲存和傳播者的主要角色。如今網際網路和 WWW 提供了一條直接的管道，使資料提供者和資料使用者可以直接接觸，毋須透過圖書館來作爲媒介者。這固然降低了資訊傳播的障礙（少了一個中介機構），但另一方面，資料提供者如今必須自己擔負起圖書館所提供的一些功能，其中之一是對所擁有的資料加以描述（著錄）。

但是圖書館所發展出來的資料描述格式，雖然完整和嚴謹，但卻較適合圖書館專業人員使用，對大多數的非圖書館專業人員而言，是過於繁瑣和不易學習的。都柏林核心集（Dublin Core）即是在這一背景下興起的產物，試圖提供一套簡易的資料描述格式，來滿足大多數非圖書館專業人員的需求，以符合「著者著錄」趨勢的需要。⑭

都柏林核心集從誕生（1995 年 3 月第一次研討會）到第五次研討會（1997 年 10 月）的發展過程，請讀者自行參閱作者的另外一本書

---

⑭ 同註❶，頁 169。

《機讀編目格式在都柏林核心集的應用探討》⓯以對都柏林核心集的整個演變過程，有一個整體的認知。

下節首先介紹自第一次研討會以來，即確立的制定原則與重要特色，主要有五個原則：內在本質原則、易擴展原則、無必須項原則、可重覆原則、和可修飾原則。這些原則與特色正是都柏林核心集的靈魂，使其得以和其他元資料有所區分。

再過來是 15 個基本欄位的逐一介紹，此即是所謂的「無修飾詞都柏林核心集」（Unqualified Dublin Core），或是 DC5 中的「簡單都柏林核心集」（Simple Dublin Core），換言之，是不使用修飾詞的都柏林核心集。此部份的都柏林核心集自 1997 年 3 月的第四次研討會即已確立，目前已經在標準化的過程中，其文件編號爲 RFC 2413。⓰

自從 DC5（第五次研討會，1997 年 10 月）後，都柏林核心集在國際間獲得了廣泛的重視，在很多國家目前都有都柏林核心集的實作系統⓱，作者所寫的分散式元資料系統（DIMES，網址：http://dimes.lins.fju.edu.tw/dublin）即爲其中之一。⓲

在 DC5 時，曾確立三個重要的事項，一是在呈現格式上採用

⓯ 吳政叡，《機讀編目格式在都柏林核心集的應用探討》，（臺北市：學生，民 87 年 12 月），頁 26-43。

⓰ S. Weibel, et. al., "Dublin Core Metadata for Resource Discovery, Version 1.1," *Internet RFC 2413*. Sept. 1998, <http://info.internet.isi.edu/in-notes/rfc/files/rfc2413.txt>.

⓱ T. Baker, "Multiple Languages Working Group," (24 July. 1999), <http://purl.org/DC/groups/languages.htm>.

⓲ C. J. Wu, "Distributed Metadata System and Retrieval Error Ratio," Proc. of 1999 EBTI, ECAI, SEER & PNC (Taipei, Taiwan, ROC), pp. 111-115, Jan. 1999.

HTML4.0 格式；一是採用三種修飾詞——語言修飾詞（LANG）、架構修飾詞（SCHEME）、次項目修飾詞（SUBELEMENT）；一是成立許多工作小組，例如次項目修飾詞工作小組等，來解決一些尙有可爭議的問題。[19]

由於近來「資源描述架構」（Resource Description Framework，簡稱 RDF）[20]和 XML（eXtensible Markup Language）[21]的興起和發展成熟，對都柏林核心集也產生一些重要的影響。首先在呈現格式上，發展 RDF/XML 的格式，雖然目前尙未成熟定案，但是衹要能被市場所接受，在可預見的將來，應會成爲都柏林核心集的主要呈現格式。

另一方面，爲了配合 RDF 的發展，都柏林核心集的修飾詞部份產生很大的變化。首先是修飾詞名稱的修改，架構修飾詞（Scheme Qualifier）改成內容値修飾詞（Value Qualifier），以及次項目修飾詞（Subelement Qualifier）改成項目修飾詞（Element Qualifier），另外還有所謂的內容値成份（Value Component）。[22]

事實上，除了表面名稱的改變外，還牽涉到更深層實作機制上的

---

[19] 吳政叡，都柏林核心集第五次研討會的最新發展，中國圖書館學會會訊 108 期（民 87 年 3 月），頁 33-35。

[20] O. Lassila and R. R. Swick, “Resource Description Framework (RDF) Model and Syntax Specification,” 22 Feb. 1999, <http://www.w3.org/TR/1999/REC-rdf-syntax-19990222>.

[21] T. Bray, J. Paoli, and C. M. Sperberg-McQueen, “Extensible Markup Language (XML) 1.0,” 10 Feb. 1998, <http://www.w3.org/TR/REC-xml>.

[22] E. Miller, P. Miller and D. Brickley, “Guidance on expressing the Dublin Core within the Resource Description Framework (RDF),” 1 July 1999, <http://www.ukoln.ac.uk/metadata/resources/dc/datamodel/WD-dc-rdf/WD-dc-rdf-19990701.html>., pp. 11-13.

變化。從一層機制演變到二層機制，以架構修飾詞（Scheme Qualifier）和內容值修飾詞（Value Qualifier）爲例，若以數學中集合（Set）的術語來闡釋，在 DC5 時所採用的架構修飾詞（Scheme Qualifier）爲集合的名稱，而 URL、ISBN、LCSH 等爲集合中的元素（Element）。

但在資料模型工作小組 1999 年 7 月 1 日所發表的草案中㉓，已傾向將整個大的集合視爲許多次集合（Subset）的組成體，而每個次集合，又個自含有許多元素。以上述的例子來說，內容值修飾詞（Value Qualifier）是整個大集合的名稱，次集合名稱如 identifierScheme 爲其中的元素（Element）；而 URL、ISBN、LCSH 等，又爲次集合 identifierScheme 中的元素（Element）。

由以上的闡釋，不難發現就機制而言，RDF 是較爲週延完備和有彈性，但也較爲複雜和處理成本高。由於許多欄位（或者項目）的內容，甚至修飾詞的內容，往往已有自我解釋的功能，因此使用者是否仍認爲有必要付這些額外代價來追求完備和彈性，仍然有待未來市場的實際考驗才能知曉。

不過就修飾詞的功能或作用而言，DC5 與 RDF 兩者是大致相同的。有關修飾詞的更詳盡說明，請參看下面修飾詞和 RDF 章節中的闡述。

爲了配合以上所言 RDF 的新發展，許多舊的工作小組停止、改名或改組，例如次項目修飾詞工作小組。當然也有許多新的工作小組產生，例如代理者工作小組（Agents Working Group），詳細名單請參照

㉓　同註㉒。

網址 http://purl.org/DC/groups/。

第三節　重要特色與制定原則

都柏林核心集的設計原理，有意義明確、彈性、最小規模三種特色。在設計上所秉持的原則是：內在本質原則、易擴展原則、無必須項原則、可重覆原則、和可修飾原則。以下是這些原則的簡要敘述：㉔

㈠內在本質原則（Intrinsicality）：祇描述跟作品內容和實體相關的特質，例如主題（subject）屬於作品的內在本質。但是收費和存取規定，則屬於作品的外在特質，原則上不屬於核心資料項，將透過其他機制來加以處理。

㈡易擴展原則（Extensibility）：應允許地區性資料以特定規範的方式出現，也應保持元資料日後易擴充的特性，以及保有向後相容的能力。

㈢無必須項原則（Optionality）：所有資料項都是可有可無的選擇項，以保持彈性和鼓勵各種專業人士參與製作。

㈣可重覆原則（Repeatability）：所有資料項均可重覆。

㈤可修飾原則（Modifiability）：資料項可用修飾詞來進一步修飾其意義。

㉔ 吳政叡，三個元資料格式的比較分析，中國圖書館學會會報 57 期（民 85 年 12 月），頁 39-40。

現在針對以上各原則分析如下：㉕

㈠內在本質原則：因爲著錄資訊全來自資料本身，並不須要再額外去找其他的參考來源，很顯然的可以大幅減輕著錄者的負擔，對各種專業人士來說，也是較可被接受的一種方式。

㈡易擴展原則：此原則是爲了適應全球網路的作業環境，因眾多的站臺各有自己獨特的資料種類和需求，因此必須有適當的彈性。

㈢無必須項原則：這可能使得某些人覺得非常驚異和不適應，傳統的圖書館著錄格式如 MARC，和其他的元資料格式，如 FGDC 的地理元資料內容標準㉖、GILS ㉗、DIF ㉘等，都有必須著錄項，如題名項和作者項等，主要不外乎是要維持一定的著錄品質。但爲了鼓勵著錄，和強調有資料總比沒資料好的原則，都柏林核心集決定不硬性規定任何必須著錄項，作者頗認同此一原則。爲了能適應各種非圖書館專業人員的背景和能力，必須著錄項若不能全部免除，也應盡量減少，以減輕著錄者的負擔。

㈣可重覆原則：此原則進一步簡化許多著錄規則，如在此一原則下，將不區分作者的排名。傳統上爲了決定第一作者或是題名，著錄規則中往往有很多的篇幅來規範。事實上，從檢索的角度來看，讀者何嘗在意一本書內的排名次序，眾多的題名，也可藉由

㉕ 吳政叡，從都柏林核心集看未來資料描述格式的發展趨勢，圖書館學刊 26 期（民 86 年 5 月），頁 16-17。

㉖ 同註㉔，頁 38。

㉗ 吳政叡，政府資訊指引服務，國立中央圖書館臺灣分館館刊 3 卷 4 期（民 86 年 6 月）頁 18。

㉘ 吳政叡，目錄交換格式，臺北市圖書館館訊 14 卷 3 期（民 86 年 3 月）頁 52。

電腦的輔助，輕易來加以檢索或處理，實無在著錄格式上，加以嚴格區分的必要。這些從卡片目錄時代爲了排片需要所遺留下的產物，實有必要加以檢討和去除。

㈤可修飾原則：這原則使都柏林核心集非常有彈性，可同時滿足圖書館專業和非專業人員的需求。對於非專業人員來說，他們基本上不須要去查專業書籍來進行著錄的工作，這將大大減輕項目的著錄成本和時間。另一方面，對欲維持一定品質的專業人員而言，透過在附加修飾詞的方式，可明確指出所使用的資訊來自何處，請參考第四節修飾詞的介紹。作者非常贊同這個可同時兼顧專業和非專業人員的設計理念，由於未來圖書館勢必與全球網路的資訊傳播系統緊密結合，成爲全球網路資訊系統的一份子，自不可能採用獨特的資料描述格式，所以一套能同時兼顧各種專業人員的資料描述格式，將是時勢所趨。

第四節　基本欄位

本節主要是介紹都柏林核心集的 15 個基本欄位，不包括修飾詞的介紹，此即是所謂的「無修飾詞都柏林核心集」（Unqualified Dublin Core），也是 DC5 中的「簡單都柏林核心集」（Simple Dublin Core）。此部份的都柏林核心集目前已在進行標準化過程中，其文件編號爲 RFC 2413。㉙以下根據 Dublin Core Metadata Element Set

㉙　同註⑯。

Reference Description（version 1.1）㉚和都柏林核心集使用指引草案㉛，再揉合作者自身的經驗，逐一介紹 15 個基本欄位如下。同時由於以 RDF/XML 方式來實作都柏林核心集，雖然已由資料模型工作小組提出一份草案，但在此刻還是處於發展階段，因此以下範例仍以發展較爲成熟的 HTML 格式呈現。（作者註：在中文欄位名稱後( )中爲此欄位的識別名稱（label or identifier）。）

㈠題名（Title）：作品題名或名稱。

著錄要點：如果有數個可能的名稱可選擇，則以重覆欄位的方式來逐一著錄。如果著錄的對象爲 HTML 文件，則應將 <HEAD></HEAD>中<TITLE></TITLE>的字串收入此欄位。

例子：<META NAME="DC.Title" CONTENT="都柏林核心集與元資料系統">。

㈡著者（Creator）：作品的創作者或組織。

著錄要點：如果有數個著者，則盡量以重覆欄位的方式來逐一著錄。著錄時以姓先名後的方式填寫。若是機構名稱的全名，則在可截斷處切割，並以由大到小排列方式，排列時以實心小黑點或句點爲分割符號。有參與此資源創作，但貢獻程度較少者，著錄於下面的其他參與者欄位中。

㉚ Dublin Core Metadata Initiative, "Dublin Core Metadata Element Set Reference Description Version 1.1," 2 July 1999, <http://purl.org/dc/documents/proposed_recommendations/pr-dces-19990702.htm>.

㉛ D. Hillman, "User Guide Working Draft," 31 July 1998, <http://purl.org/dc/core/documents/working_drafts/wd-guide-current.htm>.

例子一：<META NAME="DC.Creator" CONTENT="吳政叡">。

例子二：<META NAME="DC.Creator" CONTENT="Abeyta, Carolyn">。

例子三：<META NAME="DC.Creator" CONTENT="中華民國。外交部">。

例子四：<META NAME="DC.Creator" CONTENT="United States. White House">。

㈢主題和關鍵詞（Subject）：作品的主題和關鍵字（詞）。

著錄要點：鼓勵使用控制語彙，並以架構修飾詞（Scheme Qualifier）或是內容值修飾詞（Value Qualifier）註明出處，如 LCSH（美國國會圖書館主題標題表）。圖書館使用的分類號如杜威十進分類號（Dewey Decimal Number）等亦置於此欄位。避免使用太過於一般化的字（詞），可從欄位題名（Title）和簡述（Description）中尋找適當的字（詞）。若關鍵詞是人或機構名稱，則以不重複在其他欄位如著者（Creator）等已出現的字詞爲原則。

例子：<META NAME="DC.Subject" CONTENT="都柏林核心集">。

㈣簡述（Description）：文件的摘要或影像資源的內容敘述。

著錄要點：可包含摘要、目次、內容描述等，盡量簡短，濃縮成數個句子。

㈤出版者（Publisher）：負責發行作品的組織。

著錄要點：若是人或機構名稱與著者欄位重複，則不再著錄。其餘著錄要點參考著者欄位。

例子：<META NAME="DC.Publisher" CONTENT="漢美出版社">。

(六)其他參與者（Contributor）：除了著者外，對作品創作有貢獻的其他相關人士或組織。〔註：如書中插圖的製作者。〕

著錄要點：參考著者欄位。

(七)出版日期（Date）：作品公開發表的日期。

著錄要點：建議使用如下格式 -- YYYY-MM-DD 和參考下列網址：http://www.w3.org/TR/NOTE-datetime。在此網頁中共規範有六種格式，都是根據國際標準日期暨時間格式 -- ISO（國際標準組織）8601 制定而成，是 ISO 8601 的子集合（subset），現在列舉和解說如下以供參考：[32]

(1) Year（年）-- YYYY。

例子：<META NAME="DC.Date" CONTENT="1997">（西元1997 年）。

(2) Year and Month（年、月）-- YYYY-MM。

例子：<META NAME="DC.Date" CONTENT="1997-09">（西元 1997 年 9 月）。

(3) Complete date（完整日期）-- YYYY-MM-DD。

例子：<META NAME="DC.Date" CONTENT="1997-09-07">（西元 1997 年 9 月 7 日）。

(4) Complete date plus hours and minutes（完整日期加時、分）--

---

[32] M. Wolf and C. Wicksteed, "Date and Time Formats," 15 Sept. 1997, <http://www.w3.org/TR/NOTE-datetime>.

YYYY-MM-DDThh:mmTZD

〔註：T 用來隔開日期和時間，TZD 表示本地時間和國際格林威治時間的差距（時間差）。〕

例子：<META NAME="DC.Date" CONTENT="1997-09-07T19:05+08:00"（西元 1997 年 9 月 7 日臺灣下午 7 點 5 分，而臺灣所屬的中原標準時區與國際格林威治時間差 8 小時）。

(5) Complete date plus hours, minutes, and seconds（完整日期加時、分、秒）-- YYYY-MM-DDThh:mm:ssTZD

例子：<META NAME="DC.Date" CONTENT="1997-09-07T19:05:25+08:00">（西元 1997 年 9 月 7 日臺灣下午 7 點 5 分 25 秒）。

(6) Complete date plus hours, minutes, and seconds（完整日期加時、分、秒）-- YYYY-MM-DDThh:mm:ss.sTZD

例子：<META NAME="DC.Date" CONTENT="1997-09-07T19:05:25.25+08:00">（西元 1997 年 9 月 7 日臺灣下午 7 點 5 分 25 又 1/4 秒）。

由於以上的日期暨時間格式是以西元時間爲主，作者另外附上一般套裝軟體中提供的日期格式以供參考。下例（圖 1-1）是以微軟 Excel 中提供的部分日期格式，由此可知日期格式甚爲繁多，一般建議有二：一是盡量包括年以避免錯誤、一是（利用 Scheme Qualifier 或是 Value Qualifier）註明使用格式以避免誤解。

微軟 Excel 中有關日期的部分格式	
1997年11月1日	中華民國86年11月1日
1997/11/1	民國86年11月1日
86/11/1	11月1日
11/1/97	中華民國八十六年十一月一日
11/01/97	民國八十六年十一月一日
1-Nov	八十六年十一月一日
1-Nov-97	十一月一日

圖 1-1.　微軟 Excel 中提供的日期格式的部分畫面

(八)資源類型（Type）：作品的類型或所屬的抽象範疇，例如網頁、小說、詩、技術報告、字典等。

著錄要點：根據 DC 中資源類型工作小組的草案，[33]此外也可參考網頁 http://sunsite.berkeley.edu/Metadata/minimalist.html。[34]在資源類型工作小組的草案中，將作品的類型分成以下數種，現在列舉和解說如下：

(1) Text（文字）-- 作品的內容主要是供閱讀的文字（可夾帶影像、地圖、表格等），例如書籍、文集、技術報告、小冊子等。此外文字的少掃瞄影像檔案，也列入此範疇。

例子：<META NAME="DC.Type" CONTENT="Text">。

(2) Image（影像）-- 相片、圖形、動畫、影片等。

---

[33] Type Working Group, "List of Resource Types 1999-03-12," 12 March 1999, <http://purl.org/dc/documents/Working Drafts /wd-typelist.htm>.

[34] R. Tennant, "Dublin Core Resource Types," 23 Sept. 1997, <http://sunsite.berkeley.edu/Metadata/minimalist.html>.

⑶ Sound（聲音）-- 各式各樣的聲音，例如演講、音樂等。

⑷ Software（軟體）-- 可執行的程式（二進制檔）和程式的原始檔，但不包括各種互動式應用程式。

⑸ Dataset（資料集）-- 各種文字或數據資料的集合體，例如地理資料、書目記錄、統計數據、遙測資料等。

⑹ Interactive Resource（互動式應用）-- 設計給一個或多個使用者的互動式應用，例如遊戲軟體、線上聊天服務、虛擬實境等。

⑺ Physical Object（實物）-- 三度空間的實物，例如人、汽車等。

⑻ Collection（集合體）-- 因有共同來源或是因爲管理目的而成的集合體。

⑼ Service（服務）-- 支持與使用者互動的系統或是機構活動，例如 Webpack、FTP site、BBS 等。

⑽ Event（事件）-- 與時間有關的事情，例如展覽、會議、表演等相關資訊。

以上的第一種類型（Text），建議可再細分如下：㉟

⑴ Abstract（摘要）-- 其他文件的簡要敘述。

例子：<META NAME="DC.Type" CONTENT=
"Text.Abstract">。

⑵ Advertisement（廣告）-- 如徵人啓事。

⑶ Article（論文）。

㉟ 同註㉞。

⑷ Correspondence（書信）-- 可再細分爲討論、電子郵件、信件、明信片四類。

例子：<META NAME="DC.type" CONTENT=
"Text.Correpondence.Email">。

⑸ Dictionary（字典）。

⑹ Form（表格）。

⑺ Homepage（WWW 首頁）。

⑻ Index（索引）。

⑼ Manuscript（手稿）。

⑽ Minutes（會議記錄）。

⑾ Monograph（專論）-- 如書籍。

⑿ Pamphlet（小冊子）。

⒀ Poem（詩）。

⒁ Proceedings（會議論文集）。

⒂ Promotion（促銷文件）。

⒃ Serial（連續性出版品）-- 可再細分爲期刊、雜誌、報紙、時事通訊四類。

⒄ TechReport（技術報告）。

⒅ Thesis（學位論文）-- 可再細分爲碩士、博士二類。

例子：<META NAME="DC.Type" CONTENT="service">。

㈨資料格式（Format）：資訊的實體形式或者是數位特徵，也用來告知檢索者在使用此作品時，所須的電腦軟體和硬體設備。如果是電子檔案，建議使用 MIME 格式的表示法。

著錄要點：例如 text/html、ASCII、Postscript（一種印表機通用格

式）、可執行程式、JPEG（一種通用圖像格式），建議使用 MIME 格式的表示法，有關 MIME 格式的詳細資訊，請參考 RFC 1521。亦可擴展至非電子文件，例如書籍的高廣尺寸。必要時亦可將檔案大小、圖形解析度、實體尺寸等資料納入。

例子一：<META NAME="DC.Format" CONTENT="text/html">。

例子二：<META NAME="DC.Format" CONTENT="image/gif 640 x 480">。

㈩資源識別代號（Identifier）：字串或號碼可用來唯一標示此作品，例如 URN、URL、ISSN、ISBN 等。

著錄要點：系統代碼或內部識別號亦可置於此欄位。

例子：<META NAME="DC.Identifier" CONTENT="957-15-0930-2">。

(十一)來源（Source）：資源的衍生來源，例如同一作品的不同媒體版本，或者是翻譯作品的來源等。

著錄要點：盡可能包含來源作品的資訊，以協助查尋。

(十二)語言（Language）：作品本身所使用的語言。

著錄要點：建議遵循 RFC 1766 的規定，請參考下列網址：http://info.internet.isi.edu/in-notes/rfc/files/rfc1766.txt，㊱ RFC 1766 是使用 ISO 639 的二個字母的語言代碼，㊲此外可再使用 ISO

㊱ H. T. Alvestrand, “Tags for the Identification of language,” March 1995, <http://info.internet.isi.edu/in-notes/rfc/files/rfc1766.txt>.

㊲ “Codes for the representation of names of languages,” <http://www.oasis-open.org/cover/iso639a.html>.

3166 來附加二個字母的國家代碼。[38]

例子：<META NAME="DC.Language" CONTENT="zh-tw">。

（中文繁體字 Big-5）

(十三)關連（Relation）：與其他作品（不同內容範疇）的關連，或所屬的系列和檔案庫。

著錄要點：盡量使用 Subelement Qualifier（或是 RDF 之 Element Qualifier）來標示兩者的關係。

例子：<META NAME="DC.Relation" CONTENT= "http://www.blm.gov/">。

(十四)涵蓋時空（Coverage）：作品所涵蓋的時期和地理區域。

著錄要點：鼓勵使用控制語彙。

例子：<META NAME="DC.Relation" CONTENT="Taipei, Taiwan">。

(十五)版權規範（Rights）：作品版權聲明和使用規範。

著錄要點：使用文字說明或是 URL。

例子：<META NAME="DC.Rights" CONTENT="無限制">。

第五節　修飾詞（Qualifier）

爲了豐富都柏林核心集的內涵和擴大其應用範圍，在都柏林核心集的第四次研討會中，確立了「坎培拉修飾詞」，正式收納了三種修

[38] "Codes for the representation of names of countries," <http://www.oasis-open.org/cover/country3166.html>.

飾詞——語言修飾詞（Lang）、架構修飾詞（Scheme）、次項目修飾詞（Subelement）（作者註：原稱爲類別修飾詞（Type））。㊴

這三種修飾詞中，除了語言修飾詞是一直遵循 RFC 1766 的規定，使用 ISO 639 的二個字母的語言代碼外。其餘的二種修飾詞，雖然在功能或作用上並無太大變化，但在名稱、實作機制、內容值上，卻有非常大的演變。內容值主要是隨著都柏林核心集在一些新領域的應用，而不斷有新的內容值被加入。

至於名稱和實作機制目前分爲兩支，已經發展成熟的是 DC/HTML，使用的名稱爲架構修飾詞（Scheme）和次項目修飾詞（Subelement），使用的格式爲 HTML 4.0，其呈現的形式如下：

<Meta Name="DC.Creator.Homepage" Scheme="URL" Lang="zh-tw" Content=http://dimes.lins.fju.edu.tw/>

由上例可明顯看出 DC/HTML 的實作機制，若以數學中集合（Set）的術語來闡釋，以架構修飾詞（Scheme Qualifier）爲例，是以架構修飾詞（Scheme）爲集合的名稱，而 URL、ISBN、LCSH 等爲集合中的元素（Element）。所以 DC/HTML 的修飾詞實作機制是「集合－元素」，其中集合可以 Scheme 或 Subelement 來替換，元素則由相關的內容值（例如 URL）來取代。

至於目前尙在發展中一支爲 DC/RDF，使用的名稱爲內容值修飾詞（Value Qualifier）、項目修飾詞（Element Qualifier）、內容值成份（Value Component），其中的內容值修飾詞（Value Qualifier）與 DC/HTML 之架構修飾詞（Scheme Qualifier）約略對映，項目修飾詞

㊴ 同註❽。

（Element Qualifier）則與 DC/HTML 之次項目修飾詞（Subelement Qualifier）約略對映，其中一種可能的呈現形式如下：㊵

```
<dc:identifier>
  <rdf:Description>
    <rdf:value> 957-15-0930-2</rdf:value>
    <dcq:identifierScheme>
      <dct:ISBN />
    </dcq:identifierScheme>
  </rdf:Description>
</dc:identifier>
```

由上例可看出 DC/RDF 的實作機制，若以數學中集合（Set）的術語來闡釋，是以內容值修飾詞（Value Qualifier）為集合的名稱，以資源識別代號架構（identifierScheme）為次集合名稱，而 ISBN 為次集合中的元素（Element）。所以 DC/RDF 的修飾詞實作機制是「集合－次集合－元素」，其中集合可以 Value Qualifier 或 Element Qualifier 來替換，次集合為 identifierScheme 或 identifierType 等，元素則由相關的內容值（例如 ISBN）來取代。

此外部份的 DC/HTML 之次項目修飾詞（Subelement Qualifier）將獨立到內容值成份（Value Component）中，主要是與個別資源無關的資料，例如作者的 e-mail、網頁網址、電話、住址等，其呈現的形式如下：㊶

㊵　同註㉒，頁 21。

㊶　同註㉒，頁 23。

```
<dc:creator>
    <rdf:Description>
        <vcard:fn>Cheng-Juei Wu</vcard:fn>
        <vcard:email>lins1022@mails.fju.edu.tw</vcard:email>
        <vcard:org>Fu-Jen University</vcard:org>
    </rdf:Description>
</dc:creator>
```

由以上的解釋，可知 DC/RDF 就機制而言是較爲週延完備和有彈性，但也較爲複雜和處理成本高。不過 DC/RDF 目前尚在發展初期，不似 DC/HTML 已經發展成熟且被廣泛使用，因此以下對於修飾詞、國際機讀編目格式到都柏林核心集轉換表、中國機讀權威記錄格式到都柏林核心集轉換表、梵諦岡地區中文聯合館藏系統（UCS）等的介紹，仍以 DC/HTML 爲主，但仍會適時插入 DC/RDF 的相關說明。

從另一方面來說，就修飾詞的功能或作用而言，DC/HTML 與 DC/RDF 兩者是大致相同的。再者，修飾詞的內容值才是眞正蘊含資訊的處所，主要是與被描述資源的特性有關，與實作機制或是呈現格式無關。從這個角度來看，作者認爲我們的注意力應該放在修飾詞的內容值，而非其呈現格式。

語言修飾詞（LANG）

語言修飾詞（Lang）可以說是都柏林核心集的各種修飾詞中，發展最爲成熟，從 DC4（第四次研討會，1997 年 3 月）以來即無任何變化，祇有依據使用格式（HTML 或是 XML）的不同，而有不同的呈現方式。

語言修飾詞如同都柏林核心集基本欄位中的語言（Language）欄位，遵循 RFC 1766 的規定，使用 ISO 639 的二個字母的語言代碼。表 1-1 是一些常見語文的代碼，㊷例如中文繁體字的代碼為 zh，此外可再使用 ISO 3166 來附加二個字母的國家代碼，例如 tw 代表臺灣。

語言（Language）欄位和語言修飾詞（Lang）的不同點，為語言（Language）欄位是針對資源本身所使用的語文來描述，而語言修飾詞（Lang）是針對都柏林核心集著錄欄位本身所使用的語文來敘述。例如一篇英文期刊文章，若在簡述（Description）欄位中加入中文摘要，則語言（Language）欄位中填入 "en"，但是簡述（Description）欄位的語言修飾詞（Lang）中填入 "zh-tw"。

表 1-1.　ISO 639 部份常見語文的二個字母語言代碼

ar--Arabic	it--Italian
zh--Chinese	ja--Japanese
nl--Dutch	ko--Korean
en--English	la--Latin
fi--Finnish	pl--Polish
fr--French	ro--Romanian
el--Greek	ru--Russian
de--German	es--Spanish
iw--Hebrew	sv--Swedish

㊷ "Guide to Creating Core Descriptive Metadata," 13 April 1996, <http://www.ckm.ucsf.edu/people/jak/meta/ mguide3.html>, p. 7.

上面介紹的 ISO 639 二個字母的語言代碼，事實上已廣泛使用在現在的商業套裝軟體中，例如使用微軟 Word 軟體製作文件後，若是選擇存成 HTML 格式，則對於文件中的中文字，會有語言代碼 zh-tw 的標示，如圖 1-2 所示。

```
豐" LANG="ZH-TW" SIZE=5><P>書籍</P>
FY">1. <FONT FACE="新細明體" LANG="ZH-TW">吳政叡，<U>都柏
明體" LANG="ZH-TW" SIZE=5><P>期刊文章</P>
FY">1. W.B. Jone and C.J. Wu, "Multiple Fault Detection c
 Wu and A.H. Sung, "<A HREF="iee-el-94j/IEEJGFUZ-94.htm">
 Wu and A.H. Sung, "<A HREF="i3ecmdv-94j/IEEECMDV-94.htm"
 Wu and A.H. Sung, "<A HREF="i3esmc-96j/i3esmc96j.htm">A
 Wu, "<A HREF="Fzysas-96j/Fzysas96.htm">Guaranteed Accura
T FACE="新細明體" LANG="ZH-TW">吳政叡，</FONT><A HREF="f
T FACE="新細明體" LANG="ZH-TW">吳政叡，</FONT><A HREF="bu
T FACE="新細明體" LANG="ZH-TW">吳政叡，</FONT><A HREF="bu
T FACE="新細明體" LANG="ZH-TW">吳政叡，</FONT><A HREF="ur
NT FACE="新細明體" LANG="ZH-TW">吳政叡，</FONT><A HREF="f
NT FACE="新細明體" LANG="ZH-TW">吳政叡，</FONT><A HREF="k
NT FACE="新細明體" LANG="ZH-TW">吳政叡，</FONT><A HREF="k
```

圖 1-2. 微軟 Word 製作 HTML 文件時使用 ISO 639 語言代碼

目前都柏林核心集的語言修飾詞（Lang）有二種主要的呈現格式：HTML 與 XML，以下分別介紹這二種不同的格式。

(一) HTML 4.0：

例子一：<META NAME="DC.Title" Lang="zh-tw" CONTENT="臺灣地區中文聯合系統">。

例子二：<META NAME="DC.Title" Lang="en" CONTENT="United Chinese System in Taiwan (UCSTW)">。

(二) XML：

例子：

<dc:title>

<rdf:Alt>

<rdf:li xml:lang="zh-tw">臺灣地區中文聯合系統</rdf:li>。

<rdf:li xml:lang="en"> United Chinese System in Taiwan (UCSTW) </rdf:li >。

</rdf:Alt>.

</dc:title>

架構修飾詞（SCHEME）

相對於語言修飾詞，架構修飾詞（或是 DC/RDF 之內容值修飾詞）在都柏林核心集的 15 個項目中則有很大的變化，因此下面以逐項討論的方式進行。

由於修飾詞的內容值才是眞正蘊含資訊的處所，主要是與被描述資源的特性有關，與實作機制或是呈現格式無關。因此以下作者將注意力放在修飾詞的內容值，而非其呈現格式。

以下的討論主要是參考『Dublin Core Qualifiers』㊸、『Guide to Creating Core Descriptive Metadata』㊹、『Dublin Core Qualifiers - Snap

---

㊸ J. Knight and M. Hamilton, "Dublin Core Qualifiers," 1 Feb. 1997, <http://www.roads.lut.ac.uk/Metadata/DC-SubElements.html>.

㊹ 同註㊷。

Shot』(e-mail) ㊺三文而來，此外作者也綜合本身在製作中國機讀編目格式到都柏林核心集轉換表㊻，以及本書下面章節中的國際機讀編目格式到都柏林核心集轉換表，與中國機讀權威記錄格式到都柏林核心集轉換表時的發現，再補充若干修飾詞。

㈠題名（Title）：有下列的架構修飾詞。

⑴羅馬拼音。

㈡著者（Creator）：

⑴ X500（名錄服務）。

⑵ VCARD。

⑶ URL（全球資源定位器）。

㈢主題和關鍵詞（Subject）：有下列可能（但非完整列表）的架構修飾詞。

⑴ LCSH（美國國會圖書館主題標題表）-- Library of Congress Subject Heading。

⑵ LCC（美國國會圖書館分類號）。

⑶ UDC（國際十進分類號）-- Universal Decimal Classification。

⑷ DDC（杜威十進分類號）-- Dewey Decimal Classification。

⑸ CCL（中國圖書分類號）。

⑹ NLM（美國國立醫學圖書館分類號）-- National Library of

㊺ R. Iannella, <renato@dstc.edu.au> "Dublin Core Qualifiers - Snap Shot," 14 July 1999, <dc-general@mailbase.ac.uk> (14 July 1999).

㊻ 吳政叡，中國機讀編目格式到都柏林核心集的轉換對照表，資訊傳播與圖書館學 5 卷 2 期（民 87 年 12 月）頁 57-76。

Medicine。

(7)農業資料中心分類號。

(8) MeSH（醫學標題表）-- Medical Subject Headings。

(9) Colon（冒號分類法）-- Colon Classification。

(10) JEL（經濟期刊文獻分類法）-- Journal of Economic Literature Classification。

(11) RCHME（英文索引典）-- English Heritage Thesaurus (ISBN 1-873592-20-5)。

(12) AAT（藝術與建築索引典）-- Art & Architecture Thesaurus。

(13) ULAN（藝術家索引）-- Union List of Artist's Names。

(14) TGN（地理名詞索引典）-- Thesaurus of Geographic Names。

(15) SHIC2（社會歷史和產業分類法）-- Social History & Industrial Classification。

(16) TGM1（國會圖書館地理名詞索引典）-- LC Thesaurus for Graphic Materials I: Subject Terms。

(17) MSC（數學分類法）-- Mathematical Science Classification。

(四)簡述（Description）：有下列的架構修飾詞。

(1) URN -- 外在說明文件的 URN 編號。

(2) URL -- 外在說明文件的 URL 位址。

(五)出版者（Publisher）：參考著者（Creator）欄位。

(六)其他參與者（Contributor）：參考著者（Creator）欄位。

(七)出版日期（Date）：雖然在前面第二節的欄位介紹中，曾經提過建議使用 ISO 8601 的子集合，即如下格式—YYYY-MM-DD。但仍有以下的格式也經常被使用，祇是使用時務必要用架構修飾詞來指示使用的標準和格式。

⑴ IETF RFC 822 -- 例如 Sun, 21 Dec 1997 21:37:15 +0800（星期，日 月年 時: 分: 秒 國際格林威治時間差）。

⑵ ANSI X3.30（1985）-- 例如 19971221（YYYYMMDD）。

⑶ ISO 31-1（1992）-- 例如 1997-12-21（YYYY-MM-DD）。

㈧資源類型（Type）：目前尚無架構修飾詞。

㈨資料格式（Format）：內定使用 MIME 格式。

⑴ IMT（Internet Media Type，網際網路媒體型態）。

㈩資源識別代號（Identifier）：主要有下列的架構修飾詞。

⑴全球資源定位器（URL）。

⑵全球資源識別名稱（URN）。

⑶國際標準書號（ISBN）。

⑷國際標準叢刊號（ISSN）。

⑸技術報告標準號碼（STRN）。

⑹叢刊代號（CODEN）。

⑺數位物件識別名稱（DOI--Digital Object Identifier）。[47]

(十一)來源（Source）：架構修飾詞請參照上面的項目㈩ -- 資源識別代號。

(十二)語言（Language）：架構修飾詞有

⑴ RFC 1766 -- 內容請參照前面的的語言修飾詞。

⑵ Z 39.53。

---

[47] International DOI Foundation, "The Digital Object Identifier," 21 April 1999, <http://www.doi.org/>.

㈢關連（Relation）：架構修飾詞請參照上面的項目㈩ -- 資源識別代號。

㈣涵蓋時空（Coverage）：有下列的次項目修飾詞（請參考涵蓋時空工作小組的草案報告，網址是 http://www.alexandria.ucsb.edu/docs/metadata/dc_coverage.html ㊽）修飾時間下，架構修飾詞參照項目㈦ -- 出版日期。架構修飾詞在配合空間座標時，可有以下修飾詞（可根據需求自行增加，完整實例請參考下面的次項目修飾詞部份）：

⑴ DMS（度分秒）-- 使用 DDD-MM-SSX 的格式，D 是經緯度數，M 是經緯度後再細分的分數，S 是分數後再細分的秒數，X 用來指示此經緯度是東經（E）、西經（W）、北緯（N）、南緯（S），例如 37.24.43W。

⑵ DD（十進度制）-- 使用 DD.XXXX 的格式，D 是經緯度數，X 是小數部分。

⑶ OSGB（大英陸地測量局）-- Ordnance Survey of Great Britain。

⑷ LCSH（美國國會圖書館主題標題表）-- Library of Congress Subject Heading。

⑸ TGN（地理名詞索引典）-- Thesaurus of Geographic Names。

㈤版權規範（Rights）：有下列的架構修飾詞。

⑴ URN -- 外在版權規範說明文件的 URN 編號。

⑵ URL -- 外在版權規範說明文件的 URL 位址。

㊽ M. Larsgaard, et. al., "DUBLIN CORE ELEMENT: COVERAGE," 30 Sept. 1997, <http://www.alexandria.ucsb.edu/docs/metadata/dc_coverage.html>.

次項目修飾詞（SUBELEMENT）

如同架構修飾詞，次項目修飾詞（或是 DC/RDF 之項目修飾詞）在都柏林核心集的 15 個項目中也有很大的變化，因此下面以逐項討論的方式進行。一如前面的架構修飾詞，由於修飾詞的內容值才是真正蘊含資訊的處所，因此以下作者將注意力放在修飾詞的內容值，而非其呈現格式。

以下的討論主要是參考『Dublin Core Qualifiers』㊾、『Guide to Creating Core Descriptive Metadata』㊿、『Dublin Core Qualifiers - Snap Shot』(e-mail) ❺❶三文而來，此外作者也綜合本身在製作中國機讀編目格式到都柏林核心集轉換表❺❷，以及本書下面章節中的國際機讀編目格式到都柏林核心集轉換表，與中國機讀權威記錄格式到都柏林核心集轉換表時的發現，再補充若干修飾詞。

㈠題名（Title）：有下列的次項目修飾詞。

⑴正題名（Main Title）。

⑵並列題名（Parallel Title）。

⑶其他題名（Alternative Title）。

⑷副題名（Subtitle）。

⑸書背題名（Spine Title）-- 題名取自書背。

⑹翻譯題名（Translated Title）-- 原著翻譯書的題名。

㊾ 同註㊸。

㊿ 同註㊷。

❺❶ 同註㊺。

❺❷ 同註㊻。

⑺劃一題名（Uniform Title）。

⑻總集劃一題名（Collective Uniform Title）。

⑼封面題名（Cover Title）。

⑽附加書名頁題名（Added t. p. Title）。

⑾卷端題名（Caption Title）。

⑿逐頁題名（Running Title）。

⒀識別題名（Key Title）。

⒁完整題名。

⒂編目員附加題名。

⒃集叢名（Series Title）。

⒄並列集叢名（ParallelSeries Title）。

⒅集叢副題名（Subseries Title）。

㈡著者（Creator）：主要有下列的次項目修飾詞。

⑴姓名（PersonalName）。

⑵公司名稱（CorporateName）。

⑶電子郵件位址（Email）。

⑷郵件地址（Postal）。

⑸電話號碼（Phone）-- 建議使用（+國家碼 區域碼 本地電話碼）的格式，例如輔仁大學的總機是 +886 2 29031111。

⑹傳眞號碼（Fax）-- 格式請參照上面的項目⑸ -- 電話號碼。

⑺任職機構（Affiliation）-- 著者任職機構的名稱。

⑻電子郵件位址（Email）。

⑼管轄（Jurisidction）。

⑽電話（Phone）-- 格式請參照上面的項目⑸ -- 電話號碼。

⑾傳眞（Fax）-- 格式格式請參照上面的項目⑸ -- 電話號碼。

⑿網址首頁（Homepage）-- WWW 的首頁。

⒀聯絡者（Contact）。

⒁職責（Role）-- 所扮演的角色。

⒂姓（Surname）。

⒃名（Firstname）。

㈢主題和關鍵詞（Subject）：

⑴人名權威標目。

⑵團體名稱權威標目。

⑶地名權威標目。

⑷家族名稱權威標目。

⑸劃一題名權威標目。

⑹總集劃一題名權威標目。

⑺主題權威標目。

㈣簡述（Description）：

⑴裝訂。

⑵發行方式/價格。

⑶適用對象。

⑷刊期。

⑸索引來源。

⑹附件。

⑺影片基底質料。

⑻影片外框質料。

⑼破損程度。

⑽影片檢查日期。
⑾地圖來源影像。
⑿地圖材質。
⒀地圖複製方法。
⒁地圖出版形式。
⒂地圖衛星名稱。
⒃音樂文字附件。
⒄合奏樂器。
⒅軟片版類別。
⒆編次。
⒇冊次號。
(21)版本。
(22)連續性出版品卷期編次。
(23)印製地。
(24)印製者。
(25)集叢號。
(26)學位論文註。
(27)編目員註。
(28)摘要註。
(29)合刊。
(30)複製品。
(31)編碼資訊相關附註。
(32)題名與著者相關附註。
(33)實體特性相關附註。

(34)古籍擁有機構。

(35)古籍保存相關附註。

(36)書目與索引相關附註。

(37)期刊出版頻率。

(38)內容註。

(39)調性。

(40)權威標目情況。

(41)政府機構類型。

(42)編目規則版本。

(43)會議屆數。

(44)權威標目附註。

(45)分類號版本。

(46)原始權威記錄單位。

(47)資料來源。

(五)出版者（Publisher）：次項目修飾詞除了項目(三)著者的次項目外，尚可有下列的次項目修飾詞。

(1)刻書地。

(2)刻書者。

(六)其他參與者（Contributor）：有下列的次項目修飾詞或角色（Role）修飾詞。

(1)編者（Editor）。

(2)插圖者（Illustrator）。

(3)攝影者（Photographer）。

(4)裝訂者（Binder）。

⑸翻譯者（Translator）。

⑹電腦資料創造者（MachineReadableCreator）。（作者註：此處泛指將非數位文件轉成數位資料的人。）

⑺贊助者（Sponsor）。

⑻編纂者（Compiler）。

⑼著錄者（Cataloger）。

⑽聯絡者（Contact）。

⑾評論者（Reviewer）。

⑿校對者（Proofreader）。

⒀行銷者（Distributor）。

⒁演出者（Performer）。

㈦出版日期（Date）：以下 1-7 項的修飾詞來自日期工作小組的草案 --『Data Element Working Draft』。㊾

⑴創造日期（Created）-- 文件初次創造的日期。

⑵發行日期（Issued）-- 文件的發行日期。

⑶接受日期（Accepted）-- 論文的接受或通過日期。

⑷可取得時期（Available）-- 可取得文件的時期。

⑸取得日期（Acquired）-- 文件的取得日期。

⑹收集日期（DataGathered）-- 資料的收集日期。

⑺有效時期（Valid）-- 文件有效或者可被使用時期。

⑻修改日期（Modified）-- 文件最後的修改日期。

㊾ J. A. Kunze, " Data Element Working Draft," <http://purl.org/dc/core/documents/working_drafts/wd-date-current.htm>, (23 July 1999).

⑼印製日期（Printed）。

㈧資源類型（Type）：目前無次項目修飾詞。

㈨資料格式（Format）：有下列的次項目修飾詞。

⑴長度 -- 例如影片的長度。

⑵顯像形式 -- 影片的顯像形式，例如標準、立體、寬螢幕等。

⑶掃瞄線密度 -- 錄影資料的掃瞄線密度，例如 525（NSTC）。

⑷地面解像平均值 -- 用於地圖或測量。

⑸水平比例尺 -- 用於地圖或測量。

⑹垂直比例尺 -- 用於地圖或測量。

⑺顯像技術 -- 用於地圖或測量，例如密度圖。

⑻地圖錄製技術 -- 用於地圖或測量，例如紅外線少掃瞄。

⑼錄音速度 -- 例如 1.4 公尺/秒。

⑽縮率 -- 微縮資料，例如高縮率。

⑾電腦資料色彩 -- 例如灰階。

⑿程式語言。

⒀作業系統。

⒁檔案大小。

⒂稽核資料 -- 書籍的尺寸與頁數。

㈩資源識別代號（Identifier）：有下列的次項目修飾詞。

⑴錯誤碼 -- 例如 ISSN 和 ISBN 的錯誤碼。

⑵取消碼 -- 例如 ISSN 和 ISBN 的取消碼。

⑶送繳編號 -- 各國呈繳制度下產生的書籍編號。

⑷官書編號 -- 政府出版品的編號。

⑸權威記錄號碼 -- 權威檔的編號。

⑹館藏登錄號。

⑺索書號。

⑻銷售號。

⑼出版者資料編號。

⑽指紋。

⑾國家書目號。

⑿採購編號。

㈩來源（Source）：

⑴譯自關係（IsTranslatedOf）-- 現在文件翻譯自本項目所指示文件。

⑵複製來源關係（IsReproducedOf）-- 現在文件複製自本項目所指示文件。

㈪語言（Language）：目前無次項目修飾詞。

㈫關連（Relation）：以下 1-6 項的修飾詞來自關連工作小組的草案報告，網址是 http://purl.org/dc/Documents/Working_Drafts/wd-relation-current.htm ㊹：

⑴部份關係（IsPartOf）和整體關係（HasPart）-- 前者說明現在文件是本項目所指示文件的一部份；後者說明項目所指示文件是現在文件的一部份，兩者的關係剛好相反。

⑵版本關係（IsVersionOf，HasVersion）-- 現在文件是項目所指示文件的某個版本。

㊹ D. Bearman, "Relation Element Working Draft 1997-12-19," 19 Dec. 1999, <http://purl.org/dc/ Documents/Working_Drafts/wd-relation-current.htm>.

⑶展現媒體關係（IsFormatOf，HasFormat）-- 現在文件是項目所指示文件的另外一種展現方式，兩者的內容基本上是一樣的。

⑷衍生關係（IsBasedOn，IsBasisFor）-- 前者說明現在文件是根據項目所指示文件衍生而來的；後者說明現在文件是項目所指示文件的衍生依據或者來源。兩者的內容基本上是不一樣的，已有某種程度的修改。

⑸參考關係（References，IsReferencedBy）-- 前者說明現在文件有參考項目所指示文件；後者說明現在文件有被項目所指示文件參考。

⑹需要關係（Requires，IsRequiredBy）-- 前者說明現在文件需要項目所指示文件的存在，方能正常運作或者被了解；後者說明現在文件被項目所指示文件所需要。

以上是關連工作小組的草案內容，以下是其他補充資料：

⑺階層關係（IsParentOf，IsChildOf）-- 前者說明現在文件是項目所指示文件的上一階層；後者說明現在文件是項目所指示文件的下一階層。

⑻書目資料關係（HasBibliographicInfoIn）-- 項目所指示文件含有現在文件的書目資料。

⑼評論關係（IsCriticalReviewOf）-- 項目所指示文件是現在文件的評論。

⑽概要關係（IsOverviewOf）-- 項目所指示文件是現在文件的概要。

⑾評比等級關係（IsContentRatingFor）-- 項目所指示文件含有現在文件的內容評比等級資訊。

⑿補充資料關係（IsDataFor）-- 項目所指示文件含有現在文件的補充資料，如數據資料和程式。

⒀補篇/本篇關係（Supplement/ ParentOfSupplement）。

⒁繼續關係（Continues）。

⒂合併關係（HasAbsorbed）。

⒃部份合併關係（HasAbsorbedInPart）。

⒄多個合併關係（HasMargedOf）。

⒅改名關係（IsContinuedBy）。

⒆部份衍成關係（IsContinuedInPartBy）。

⒇併入關係（IsAbsorbedBy）。

(21)部份併入關係（IsAbsorbedInPartBy）。

(22)衍成關係（IsSplitedInto）。

(23)複製來源（ReproductionOf）。

(24)權威標目參見（SeeAlsoReference）。

(25)權威標目見（SeeReference）。

(26)反見權威標目（SeeFrom）。

(27)連接權威標目（EstablishedHeadingLinkingEntry）。

㈣涵蓋時空（Coverage）：有下列的次項目修飾詞（請參考涵蓋時空工作小組的草案報告，網址是 http://www.alexandria.ucsb.edu/docs/metadata/dc_coverage.html ⑮，以下的英文例子取自此工作小組的草案報告）。

次項目修飾詞在配合時間資料有：

---

⑮ 同註⑱。

⑴時期名稱（PeriodName）--

例子：<META NAME="DC.Coverage.PeriodName" CONTENT ="宋朝">。

⑵時間年代（T）-- 參照基本欄位中項目(七) -- 出版日期：

例子：<META NAME="DC.Coverage.T" Scheme="ISO 8601" CONTENT="1998-08-29">（西元 1998 年 8 月 29 日）。

⑶家族年代。

次項目修飾詞在配合空間座標時有：

⑷地理名稱（PlaceName）--

例子：<meta name="DC.Coverage. PlaceName scheme="LCSH" content= "Mississippi">。

⑸空間座標（X、Y、Z）-- 以附加 Min 和 Max 的方式，來表示該度空間中的兩個端點：

例子：

< meta name="DC.Coverage.X.Min" scheme = "DD" content = "-91.89">。

< meta name= "DC.Coverage.X.Max" scheme = "DD" content = "-87.85">。

< meta name= "DC.Coverage.Y.Min" scheme = "DD" content = "29.94">。

< meta name= "DC.Coverage.Y.Max" scheme = "DD" content = "35.25">。

< meta name= "DC.Coverage.PlaceName scheme="LCSH" content="Mississippi">。

⑹線條（Line）-- 如飛行路線，以一串的點來表示：

例子：< meta name = "DC.Coverage.Line" scheme = "DD" content = "33 160 32 161 31 160">（中國長城）。

⑺多角形（Polygon）-- 複雜多角形塊狀區域。

⑻立體（3D）-- 不規則立體物件。

⑼會議地點。

㈤版權規範（Rights Management）：目前無次項目修飾詞。

最後要說明的，在都柏林核心集中，所有的修飾詞亦如 15 個基本欄位，都是可重複或是省略的。同時由於修飾詞較基本欄位更爲複雜多變，目前仍處於發展中的階段，但是這並不會對其使用造成太大的影響，因爲都柏林核心集本來就允許個別使用者，因應地區性的特殊需求加入自己的欄位或是修飾詞。雖然會造成某種程度的混亂，但從另外一個角度來看，卻可使都柏林核心集能隨著時勢的變遷來調整，作者認爲此種調整，應盡量利用修飾詞爲之，使基本的 15 個欄位保持在較穩定的狀態，成爲大家在資料著錄和互通的標準，而以修飾詞的使用來適應地區和時勢的變化。

第二章　國際機讀編目格式轉換到都柏林核心集（From UNIMARC to Dublin Core）

都柏林核心集的創設目的之一，是希望能以所謂的核心欄位（即大多數資料格式都具有的共同欄位或資料項），作爲各種資料格式互通的橋樑。❶機讀編目格式（MARC）是圖書館界長久以來使用的資料描述格式，並且是由專業圖書館員所製造的高品質描述資訊，所以現有的機讀編目格式記錄，可以說是高品質且數量龐大的資產，因此有必要加以轉換成都柏林核心集，以供其他用途使用。

作者根據國際機讀編目格式第二版（UNIMARC manual: bibliographic format）❷，製作了從國際機讀編目格式（UNIMARC）對映到都柏林核心集的轉換表格，表格共有二份，一份爲中文表格，一份爲英文表格。爲了滿足不同讀者的需求，以先英文後中文的方

---

❶ 吳政叡，都柏林核心集與元資料系統，（臺北市：漢美，民國 87 年 5 月），頁 85。

❷ IFLA Universal Bibliographic Control and International MARC Programme, UNIMARC manual: bibliographic format,（Munchen: K. G. Saur, c1994-6）.

式，同時呈現兩種表格以供參考。以下是轉換對照表的製作方法和符號使用的簡要說明：

㈠國際機讀編目格式的基本對映單位是欄號以及其下的分欄，例如 010 $a。

㈡由於國際機讀編目格式在基本的對映單位——分欄中，有時又包含數個不同的項目，因此對照表依據國際機讀編目格式的用法，在表格中有「位址」一欄，其意義和用法遵循國際機讀編目格式的規定。

㈢國際機讀編目格式的基本欄號下，常常有所謂的「指標」，有些欄號有一個以上的指標，但是大部份的指標並不影響到轉換對照的結果，爲了節省篇幅，轉換對照表中將指標的編號和內容結合起來，例如 1-3 表示指標 1 的值爲 3。

㈣在表格中的都柏林核心集方面，列出了基本欄位和修飾詞，但是省略了語言修飾詞，因爲在著錄時，同一資源的語言修飾詞基本上是相同的。

㈤雖然都柏林核心集允許自訂欄位的存在，但是爲了顧及資料流通和交換的需要，轉換對照的基本原則是使用基本的 15 個欄位，然後利用修飾詞來容納新的需求。由於機讀編目格式是較完整和複雜的資料描述格式，爲了盡量容納機讀編目格式的資料，某些都柏林核心集的欄位如簡述（Description）等，是以較有彈性的方式來使用。

㈥由於表格甚長，爲了解釋和閱讀上的便利，遵循國際機讀編目格式的體例，以欄號的百位數來分節（段）。

㈦國際機讀編目格式的某些欄號內容是相同的，但是都柏林核心集基本上是不鼓勵重覆，因此有些國際機讀編目格式的欄號將被省略而不做對照。被省略的欄號，在每段對照表後的解說中，均有詳盡的說明。

(八)爲求讀者對照閱讀的便利，以下解釋的例子，大部份是直接使用國際機讀編目格式第二版（中國機讀編目格式第四版）中相關欄號的例子。

(九)因爲有些情況須直接使用分欄的值於表格中，此時以{ }表示，例如{$a}是將分欄 a 的值直接使用在表格中。

(十)都柏林核心集是用來描述資料，因此國際機讀編目格式欄號若是僅與機讀編目格式的（電腦）記錄有關，則予以省略，例如欄號 001 的系統控制號。

(十一)如同前面章節所述，DC/HTML 與 DC/RDF 在名稱、實作機制、呈現格式等方面皆不同。由於 DC/HTML 是發展已成熟，而 DC/RDF 尚處於發展初期，因此以下的討論和例子將以 DC/HTML 爲主。不過，DC/HTML 之架構修飾詞（Scheme Qualifier）約略與 DC/RDF 的內容值修飾詞（Value Qualifier）相對映；DC/HTML 之次項目修飾詞（Subelement Qualifier）則約略與 DC/RDF 的項目修飾詞（Element Qualifier）相對映。

(十二)由於 DC/RDF 的實作機制較爲複雜，是「集合－次集合－元素」的形式，其中集合可以 Value Qualifier 或 Element Qualifier 來替換，次集合爲 identifierScheme 或 identifierType 等，元素則由相關的內容值（例如 ISBN）來取代。同時根據資料模型工作小組最新的草案（1999 年 7 月 1 日），所有 15 個基本欄位的 Value Qualifier 或 Element Qualifier，都分別祇有（次集合名稱）——

{欄位名稱}Scheme 與{欄位名稱}Type，以欄位 Title 爲例，即是 titleScheme 和 titleType。因此爲節省篇幅，以下所有的表格標題欄，即以{欄位名稱}Scheme 與{欄位名稱}Type 方式來表達。

㈢由於未來的 DC/RDF 可能會將與個別資源無關的資料，獨立到內容值成份（Value Component）中，例如作者的 e-mail、網頁網址、電話、住址等。因此著者（Creator）、出版者（Publisher）和其他參與者（Contributor）三個欄位，在 DC/HTML 中的次項目修飾詞，大部份將對映到 DC/RDF 的內容值成份（Value Component），而非 DC/RDF 的項目修飾詞（Element Qualifier）。

㈣在都柏林核心集中，若是欄位的內容已經能清楚的顯示其意義，則以不使用次項目修飾詞（或 DC/RDF 之項目修飾詞）爲原則。

第一節　0段欄號

表 2-1.　UNIMARC Identification Block Mapping Table

UNIMARC			Dublin Core		
Field	Position	Indicator	Field	Qualifier	
				Scheme(**{field}Scheme)	Subelement(**{field} Type)
001			*		
005			*		
010 $a			Identifier	ISBN	
010 $b			Description		ISBN qualification

010 $d			Description		availability/ price
010 $z			Identifier	ISBN	Erroneous ISBN
011 $a			Identifier	ISSN	
011 $b			Description		ISSN Qualification
011 $d			Description		availability/pric e
011 $y			Identifier	ISSN	Cancelled ISSN
011 $z			Identifier	ISSN	Erroneous ISSN
012 $a			Identifier	{$2}	Fingerprint
012 $5			Description		Fingerprint source
014 $a			Identifier	{$2}	
014 $z			Identifier	{$2}	Erroneous article identifier
020 $b			Identifier	{$a}	National bibliography number
020 $z			Identifier	{$a}	Erroneous national bibliography number
021 $b			Identifier	{$a}	Legal deposit

					number
021 $z			Identifier	{$a}	Erroneous legal deposit number
022 $b			Identifier	{$a}	Government publication number
022 $z			Identifier	{$a}	Erroneous government publication number
040 $a			Identifier	CODEN	
040 $z			Identifier	CODEN	Erroneous CODEN
071 $a			Identifier	{$b}	Publisher's number

* and ** mean the omission of fields and the names of qualifiers in DC/RDF, respectively.

表 2-2. 國際機讀編目格式第 0 段欄號的對照表

國際機讀編目格式			都柏林核心集		
欄位	位址	指標	欄位	修飾詞	
				架構(**{欄位}架構)	次項目(**{欄位}類別)
001			*		
005			*		
010 $a			資源識別代號(Identifier)	國際標準書號(ISBN)	

010 $b			簡述(Description)		ISBN 附註
010 $d			簡述(Description)		發行方式/價格
010 $z			資源識別代號(Identifier)	國際標準書號(ISBN)	國際標準書號錯誤碼
011 $a			資源識別代號(Identifier)	國際標準叢刊號(ISSN)	
011 $b			簡述(Description)		ISSN 附註
011 $d			簡述(Description)		發行方式/價格
011 $y			資源識別代號(Identifier)	國際標準叢刊號(ISSN)	國際標準叢刊號取消碼
011 $z			資源識別代號(Identifier)	國際標準叢刊號(ISSN)	國際標準叢刊號錯誤碼
012 $a			資源識別代號(Identifier)	{$2}	指紋
012 $5			簡述(Description)		指紋提供機構
014 $a			資源識別代號(Identifier)	{$2}	
014 $z			資源識別代號(Identifier)	{$2}	作品識別號錯誤碼
020 $b			資源識別代號(Identifier)	{$a}	國家書目號
020 $z			資源識別代號(Identifier)	{$a}	國家書目號錯誤碼

021 $b			資源識別代號(Identifier)	{$a}	送繳編號
021 $z			資源識別代號(Identifier)	{$a}	送繳編號錯誤碼
022 $b			資源識別代號(Identifier)	{$a}	官書編號
022 $z			資源識別代號(Identifier)	{$a}	官書編號錯誤碼
040 $a			資源識別代號(Identifier)	叢刊代號(CODEN)	
040 $z			資源識別代號(Identifier)	叢刊代號(CODEN)	CODEN 錯誤碼
071 $a			資源識別代號(Identifier)	{$b}	出版者編號

* 與 ** 分別代表省略欄位和 DC/RDF 所使用的修飾詞名稱。

以下是針對上述表格的詳細說明和例子：

欄號 001：Record Identifier，可省略，因爲這是機讀編目格式記錄的系統編號，與文件或資源本身無關。

欄號 005：Version Identifier，可省略，因爲這是系統版本編號。

欄號 010 $a：ISBN 號碼，可用來唯一識別個別的文件或資源。

例子：< meta name= "DC.Identifier" scheme = "ISBN" content = "957-8283-00-8">。

欄號 010 $b：ISBN 號碼的相關說明，放入都柏林核心集的欄位「簡述」中，然後以次項目修飾詞「ISBN 附註」來詮釋欄位的內容。

例子：< meta name= "DC.Description.ISBN 附註" content = "平裝">。

欄號 010 $d：發行方式/價格，發行方面的相關資訊，放入都柏林核心集的欄位「簡述」中，然後以次項目修飾詞「發行方式/價格」來詮釋欄位的內容。

例子一：< meta name= "DC.Description.發行方式/價格" content = "NT$120">。

例子二：< meta name= "DC.Description.發行方式/價格" content = "贈閱">。

欄號 010 $z：錯誤或被取消的 ISBN 號碼，可用來檢索個別的文件或資源。

欄號 011 $a：ISSN 號碼本身，可用來唯一識別個別的資源。

例子：< meta name= "DC.Identifier" scheme = "ISSN" content = "0363-3640">。

欄號 011 $b：ISSN 號碼的相關說明，放入都柏林核心集的欄位「簡述」中，然後以次項目修飾詞（DC/RDF 之項目修飾詞）「ISSN 附註」來詮釋欄位的內容。

例子：< meta name= "DC.Description.ISSN 附註" content = "平裝">。

欄號 011 $d：發行方式/價格的相關資訊，放入都柏林核心集的欄位「簡述」中，然後以次項目修飾詞（DC/RDF 之項目修飾詞）「發行方式/價格」來詮釋欄位的內容。

例子一：< meta name= "DC.Description.發行方式/價格" content = "每月 NT$120">。

例子二：< meta name= "DC.Description.發行方式/價格" content = "贈閱">。

欄號 011 $y：被取消的 ISSN 號碼，可用來檢索個別的文件或資源。

欄號 011 $z：錯誤的 ISSN 號碼，可用來檢索個別的文件或資源。

欄號 012 $a：指紋，可用來唯一識別個別的資源。

欄號 012 $5：指紋提供機構，放入都柏林核心集的欄位「簡述」中，然後設定次項目修飾詞（DC/RDF 之項目修飾詞）爲「指紋提供機構」。

欄號 014 $a：作品識別號，可用來唯一識別個別的資源。

例子：< meta name= "DC.Identifier" scheme = "sici" content = "0024-2519/91/6103-0003">。

欄號 014 $z：錯誤的作品識別號，可用來檢索個別的文件或資源。

欄號 020 $b：國家書目號，可將分欄 a 置於架構修飾詞（DC/RDF 之內容值修飾詞）。

欄號 020 $z：錯誤的國家書目號。

欄號 021 $b：送繳編號，可將分欄 a 置於架構修飾詞（DC/RDF 之內容值修飾詞）。

例子：< meta name= "DC.Identifier.送繳編號" scheme="us" content = "A68778">。

欄號 021 $z：錯誤的送繳編號號碼。

欄號 022 $b：政府出版品編號，可將分欄 a 置於架構修飾詞（DC/RDF 之內容值修飾詞）。

例子：< meta name= "DC.Identifier.官書編號" scheme="cw" content = " 09088720044">。

欄號 022 $z：錯誤的官書編號號碼。

欄號 040 $a：叢刊代號（CODEN）號碼。

例子：< meta name= "DC.Identifier" scheme = "CODEN" content = "JPHYA7">。

欄號 040 $z：錯誤的叢刊代號（CODEN）號碼。

欄號 071 $a：出版者錄音資料與樂譜的號碼，分欄 b 置於架構修飾詞（DC/RDF 之內容值修飾詞），同時設定次項目修飾詞（DC/RDF 之項目修飾詞）為「出版者編號」。

例子：< meta name= "DC.Identifier.出版者編號" scheme="STMA" content = "STMA 8007">。

第二節　1 段欄號

表 2-3.　UNIMARC Coded Information Block Mapping Table

UNIMARC			Dublin Core		
Field	Position	Indicator	Field	Qualifier	
				Scheme(**{field}Scheme)	Subelement(**{field} Type)
100 $a	0-7		*		
100 $a	8		Description		Type of publicationd date
100 $a	9-16		*		
100 $a	17-19		Description		Target audience

100 $a	20		Type		
100 $a	20		Description		Level of government publication
100 $a	21		*		
100 $a	22-24		*		
100 $a	25		*		
100 $a	26-33		Language		
100 $a	34-35		*		
101 $a			Language		
101 $b			Description		Language of intermediate text
101 $c			Description		Language of original work
101 $d			Description		Language of summary
101 $e			Description		Language of contents page
101 $f			Description		Language of title page
101 $g			*		
101 $h			Description		Language of libretto
101 $i			Description		Language of accompanying materials
101 $j			Description		Language of

					subtitle of moving pictures
102 $a			*		
102 $b			*		
105 $a	0-3		Description		Type of illustration
105 $a	4-7		Type		
105 $a	8		Type		
105 $a	9		Type		
105 $a	10		Description		Index
105 $a	11		Type		
105 $a	12		Type		
106 $a			Format		
110 $a	0		Type		
110 $a	1		Description		Frequency of serials
110 $a	2		Description		Regularity of serials
110 $a	3		Type		
110 $a	4		Type		
110 $a	5		Type		
110 $a	6		Type		
110 $a	7		Type		
110 $a	8		Description		Title-page availability
110 $a	9		Description		Index availability

110 $a	10		Description		Comulative index availability
115 $a	0		Type		
115 $a	1-3		Format		Length
115 $a	4		Format		Color
115 $a	5		Format		Sound
115 $a	6		Type		
115 $a	7		Format		Width of dimensions
115 $a	8		Type		
115 $a	9		Type		
115 $a	10		Format		Presentation of format - motion picture
115 $a	11-14		Description		Accompanying materials
115 $a	15		Type		
115 $a	16		Format		Presentation of format - videorecording
115 $a	17		Description		Base on emulsion materials - Visual projection
115 $a	18		Description		Secondary support

					materials - visual projection
115 $a	19		Format		Broadcast standard - videorecording
115 $b	0		Description		Generation of the film
115 $b	1		Description		Production elements
115 $b	2		Format		Refined categories of color for moving pictures
115 $b	3		Format		Film emulsion
115 $b	4		Description		Film base
115 $b	5		Format		Kind of sound for moving images
115 $b	6		Format		Kind of film stock or print
115 $b	7		Description		Film Deterioration stage
115 $b	8		Description		Film Completence
115 $b	9-14		Description		Filn inspection

					date
116 $a	0		Type		
116 $a	1		Description		Primary support materials of graphics
116 $a	2		Description		Secondary support materials of graphics
116 $a	3		Format		Color of graphics
116 $a	4-9		Type		
116 $a	10-15		Format		Technique of prints
116 $a	16-17		Type		
117 $a	0-1		Type		
117 $a	2-7		Description		Materials of three-dimensional artefacts and realia
117 $a	8		Format		Color of three-dimensional artefacts and realia
120 $a	0		Format		Color of cartographic

					materials
120 $a	1		Description		Index
120 $a	2		Description		Narrative text
120 $a	3-6		Format		Relief of cartographic materials
120 $a	7-8		Format		Map projection
120 $a	9-12		Coverage		Prime meridian
121 $a	0		Format		Physical dimension of cartographic materials
121 $a	1-2		Description		Primary cartographic materials
121 $a	3-4		Description		Physical medium of cartographic materials
121 $a	5		Description		Creation technique of cartographic materials
121 $a	6		Description		Form of reproduction of cartographic materials
121 $a	7		Format		Geodetic

					adjustment of cartographic materials
121 $a	8		Description		Physical form of publication of cartographic materials
121 $b	0		Format		Altitude of sensor
121 $b	1		Format		Attitude of sensor
121 $b	2-3		Format		Spectral bands
121 $b	4		Description		Quality of image
121 $b	5		Format		Cloud cover
121 $b	6-7		Format		Mean value of ground solution
122 $a			Coverage		Time period
123 $a			Format		Type of scale
123 $b			Format		Constant ratio linear horizontal scale
123 $c			Format		Constant ratio linear vertical scale
123 $d			Coverage		Westermost Longitude
123 $e			Coverage		Eastermost

					Longitude
123 $f			Coverage		Northermost latitude
123 $g			Coverage		Southermost latitude
123 $h			Format		Angular scale
123 $i			Coverage		Northern limit
123 $j			Coverage		Southern limit
123 $k			Coverage		Eastern Limit
123 $m			Coverage		Western limit
123 $n			Format		Equinox
123 $o			Format		Epoch
124 $a			Type		
124 $b			Type		
124 $c			Format		Presentation technique
124 $d			Description		Position of Platform for photographic or remote sensing image
124 $e			Description		Category of satellite for remote sensing image
124 $f			Description		Name of satellite for remote sensing

					image
124 $g			Format		Recording technique of satellite for remote sensing image
125 $a	0		Type		
125 $a	1		Description		Parts of scores
125 $b			Description		Literary Text
126 $a	0		Description		Form of Release for sound recordings
126 $a	1		Format		Speed
126 $a	2		Format		Kind of sound
126 $a	3		Format		Groove Width
126 $a	4		Format		Dimensions of sound recordings
126 $a	5		Format		Tape width
126 $a	6		Format		Type configuration
126 $a	7-12		Description		Accompanying textual materials
126 $a	13		Format		Recording technique
126 $a	14		Format		Special

					Reproduction characteristics of sound recordings
126 $b	0		Description		Type of tapes
126 $b	1		Description		Kind of materials
126 $b	2		Description		Kind of cutting of sound recordings
127 $a			Format		Duration of sound recordings
128 $a			Type		
128 $b			Description		Instruments or voices for ensemble
128 $c			Description		Instruments or voices for soloists
130 $a	0		Type		
130 $a	1		Format		Polarity of microforms
130 $a	2		Format		Dimensions of microforms
130 $a	3		Format		Reduction ratio of microforms
130 $a	4-6		Format		Specific

					reduction ratio of microforms
130 $a	7		Format		Color of microforms
130 $a	8		Description		Emulsion on film
130 $a	9		Description		Generation of microforms
130 $a	10		Description		Base of film
131 $a			Format		Spheroid
131 $b			Format		Horizontal Datum
131 $c			Format		Grid and Reference system
131 $d			Format		Overlapping and Reference system
131 $e			Format		Secondary grid and Reference system
131 $f			Format		Vertical Datum
131 $g			Format		Unit of Measurement of Heighting
131 $h			Format		Contour Interval
131 $i			Format		Supplementary

					contour Interval
131 $j			Format		Unit of Measurement of bathymetry
131 $k			Format		Bathymetric Interval
131 $l			Format		Supplementary bathymetric Interval
135 $a	0		Type		
140 $a	0-3		Description		Type of illustrations
140 $a	4-7		Description		Type of illustrations
140 $a	8		Description		Technique for illustrations
140 $a	9-16		Type		
140 $a	17-18		Type		
140 $a	19		Type		
140 $a	20		Description		Support material
140 $a	21		Description		Support material
140 $a	22		Description		Watermark code
140 $a	23		Description		Printer's device
140 $a	24		Description		Publisher's

					device
140 $a	25		Description		Ornamental device
141 $a	0-2		Description		Binding materials
141 $a	3		Description		Type of binding
141 $a	4		Description		Bound with code
141 $a	5		Description		State of preservation--Binding
141 $a	6-7		Description		State of preservation--Body of the book
141 $5			Description		Responsible institution

* and ** mean the omission of fields and the names of qualifiers in DC/RDF, respectively.

表 2-4. 國際機讀編目格式第 1 段欄號的對照表

國際機讀編目格式			都柏林核心集		
欄位	位址	指標	欄位	修飾詞	
				架構(**{欄位}架構)	次項目(**{欄位}類別)
100 $a	0-7		*		

100 $a	8		簡述 (Description)		出版情況
100 $a	9-16		*		
100 $a	17-19		簡述 (Description)		適用對象
100 $a	20		資源類型 (Type)		
100 $a	20		簡述 (Description)		機構層級
100 $a	21		*		
100 $a	22-24		*		
100 $a	25		*		
100 $a	26-33		語言 (Language)		
100 $a	34-35		*		
101 $a			語言 (Language)		
101 $b			簡述 (Description)		翻譯來源語文
101 $c			簡述 (Description)		原文
101 $d			簡述 (Description)		提要語文
101 $e			簡述 (Description)		目次語文
101 $f			簡述 (Description)		題名頁語文
101 $g			*		

101 $h			簡述 (Description)	歌詞語文
101 $i			簡述 (Description)	附件語文
101 $j			簡述 (Description)	影片字幕語文
102 $a			*	
102 $b			*	
105 $a	0-3		簡述 (Description)	插圖
105 $a	4-7		資源類型 (Type)	
105 $a	8		資源類型 (Type)	
105 $a	9		資源類型 (Type)	
105 $a	10		簡述 (Description)	索引
105 $a	11		資源類型 (Type)	
105 $a	12		資源類型 (Type)	
106 $a			資料格式 (Format)	
110 $a	0		資源類型 (Type)	
110 $a	1		簡述 (Description)	刊期

110 $a	2		簡述 (Description)		刊期規則性
110 $a	3		資源類型 (Type)		
110 $a	4		資源類型 (Type)		
110 $a	5		資源類型 (Type)		
110 $a	6		資源類型 (Type)		
110 $a	7		資源類型 (Type)		
110 $a	8		簡述 (Description)		書名頁來源
110 $a	9		簡述 (Description)		索引來源
110 $a	10		簡述 (Description)		彙編索引來源
115 $a	0		資源類型 (Type)		
115 $a	1-3		資料格式 (Format)		長度
115 $a	4		資料格式 (Format)		色彩
115 $a	5		資料格式 (Format)		聲音
115 $a	6		資源類型 (Type)		

115 $a	7		資料格式 (Format)		大小尺寸
115 $a	8		資源類型 (Type)		
115 $a	9		資源類型 (Type)		
115 $a	10		資料格式 (Format)		顯像形式
115 $a	11-14		簡述 (Description)		附件
115 $a	15		資源類型 (Type)		
115 $a	16		資料格式 (Format)		錄影資料規格
115 $a	17		簡述 (Description)		影片基底質料
115 $a	18		簡述 (Description)		影片外框質料
115 $a	19		資料格式 (Format)		掃瞄線密度
115 $b	0		簡述 (Description)		影片版類別
115 $b	1		簡述 (Description)		工作片性質
115 $b	2		資料格式 (Format)		影片色彩
115 $b	3		資料格式 (Format)		影片感光乳劑之極性

115 $b	4		簡述 (Description)		影片基底質料
115 $b	5		資料格式 (Format)		影片聲音種類
115 $b	6		資料格式 (Format)		影片種類
115 $b	7		簡述 (Description)		破損程度
115 $b	8		簡述 (Description)		影片內容完整程度
115 $b	9-14		簡述 (Description)		影片檢查日期
116 $a	0		資源類型 (Type)		
116 $a	1		簡述 (Description)		作品資料
116 $a	2		簡述 (Description)		外框資料
116 $a	3		資料格式 (Format)		色彩
116 $a	4-9		資源類型 (Type)		
116 $a	10-15		資料格式 (Format)		圖片製作技術
116 $a	16-17		資源類型 (Type)		
117 $a	0-1		資源類型 (Type)		

117 $a	2-7		簡述 (Description)		立體物品質料
117 $a	8		資料格式 (Format)		立體物品色彩
120 $a	0		資料格式 (Format)		色彩
120 $a	1		簡述 (Description)		索引
120 $a	2		簡述 (Description)		圖說
120 $a	3-6		資料格式 (Format)		地貌
120 $a	7-8		資料格式 (Format)		地圖投影
120 $a	9-12		涵蓋時空 (Coverage)		起始經線
121 $a	0		資料格式 (Format)		物理次元
121 $a	1-2		簡述 (Description)		地圖來源影像
121 $a	3-4		簡述 (Description)		地圖材質
121 $a	5		簡述 (Description)		製圖技術
121 $a	6		簡述 (Description)		地圖複製方法
121 $a	7		資料格式 (Format)		地圖大地平差法

121 $a	8		簡述 (Description)	地圖出版形式
121 $b	0		資料格式 (Format)	感測器高度
121 $b	1		資料格式 (Format)	感測器角度
121 $b	2-3		資料格式 (Format)	遙測光譜段數
121 $b	4		簡述 (Description)	影像品質
121 $b	5		資料格式 (Format)	雲量
121 $b	6-7		資料格式 (Format)	地面解像平均值
122 $a			涵蓋時空 (Coverage)	時間年代(T)
123 $a			資料格式 (Format)	比例尺型式
123 $b			資料格式 (Format)	水平比例尺
123 $c			資料格式 (Format)	垂直比例尺
123 $d			涵蓋時空 (Coverage)	X.Max
123 $e			涵蓋時空 (Coverage)	X.Min
123 $f			涵蓋時空 (Coverage)	Y.Min

123 $g			涵蓋時空 (Coverage)		Y.Max
123 $h			資料格式 (Format)		角比例尺
123 $i			涵蓋時空 (Coverage)	赤緯	Y.Min
123 $j			涵蓋時空 (Coverage)	赤緯	Y.Max
123 $k			涵蓋時空 (Coverage)	赤經	X.Min
123 $m			涵蓋時空 (Coverage)	赤經	X.Max
123 $n			資料格式 (Format)		天體圖晝夜平分點
123 $o			資料格式 (Format)		紀元
124 $a			資源類型 (Type)		
124 $b			資源類型 (Type)		
124 $c			資料格式 (Format)		顯像技術
124 $d			簡述 (Description)		地圖載臺位址
124 $e			簡述 (Description)		地圖衛星種類
124 $f			簡述 (Description)		地圖衛星名稱

124 $g			資料格式 (Format)		地圖錄製技術
125 $a	0		資源類型 (Type)		
125 $a	1		簡述 (Description)		分譜
125 $b			簡述 (Description)		音樂資料附屬內容
126 $a	0		簡述 (Description)		發行型式
126 $a	1		資料格式 (Format)		錄音速度
126 $a	2		資料格式 (Format)		聲道類型
126 $a	3		資料格式 (Format)		唱片紋寬
126 $a	4		資料格式 (Format)		唱片直徑
126 $a	5		資料格式 (Format)		錄音帶寬度
126 $a	6		資料格式 (Format)		錄音帶音軌
126 $a	7-12		簡述 (Description)		音樂文字附件
126 $a	13		資料格式 (Format)		錄製技術
126 $a	14		資料格式 (Format)		複製特性

126 $b	0		簡述 (Description)		音樂帶類型
126 $b	1		簡述 (Description)		質料
126 $b	2		簡述 (Description)		錄音槽切割形式
127 $a			資料格式 (Format)		演奏時間
128 $a			資源類型 (Type)		
128 $b			簡述 (Description)		合奏樂器
128 $c			簡述 (Description)		獨奏樂器
130 $a	0		資源類型 (Type)		
130 $a	1		資料格式 (Format)		微縮片極性
130 $a	2		資料格式 (Format)		大小尺寸
130 $a	3		資料格式 (Format)		縮率
130 $a	4-6		資料格式 (Format)		閱讀放大倍率
130 $a	7		資料格式 (Format)		色彩
130 $a	8		簡述 (Description)		軟片感光乳劑

130 $a	9		簡述 (Description)		軟片版類別
130 $a	10		簡述 (Description)		軟片基底
131 $a			資料格式 (Format)		球形體
131 $b			資料格式 (Format)		地圖水平基準面
131 $c			資料格式 (Format)		地圖主要網格與座標系統
131 $d			資料格式 (Format)		地圖重疊與座標系統
131 $e			資料格式 (Format)		地圖次級網格與座標系統
131 $f			資料格式 (Format)		地圖垂直基準面
131 $g			資料格式 (Format)		地圖高層測量單位
131 $h			資料格式 (Format)		地圖等高線間距
131 $i			資料格式 (Format)		地圖助曲線間距
131 $j			資料格式 (Format)		地圖深海測量單位
131 $k			資料格式 (Format)		地圖等深線間距

131 $l			資料格式 (Format)		地圖助等深線間距
135 $a	0		資源類型 (Type)		
140 $a	0-3		簡述 (Description)		插圖類型
140 $a	4-7		簡述 (Description)		插圖類型
140 $a	8		簡述 (Description)		插圖技術
140 $a	9-16		資源類型 (Type)		
140 $a	17-18		資源類型 (Type)		
140 $a	19		資源類型 (Type)		
140 $a	20		簡述 (Description)		使用材料
140 $a	21		簡述 (Description)		使用材料
140 $a	22		簡述 (Description)		浮水印
140 $a	23		簡述 (Description)		印製者標誌
140 $a	24		簡述 (Description)		出版者標誌
140 $a	25		簡述 (Description)		裝飾標誌

141 $a	0-2		簡述 (Description)		裝訂材料
141 $a	3		簡述 (Description)		裝訂方式
141 $a	4		簡述 (Description)		合刊狀態
141 $a	5		簡述 (Description)		裝訂保存狀態
141 $a	6-7		簡述 (Description)		書籍本身保存狀態
141 $5			簡述 (Description)		裝訂機構

* 與 ** 分別代表省略欄位和 DC/RDF 所使用的修飾詞名稱。

以下是針對上述表格的詳細說明和例子：

欄號 100 $a 位址 0-7：可省略，因爲這是機讀編目格式記錄的輸入日期，與文件或資源本身無關。

欄號 100 $a 位址 8：出版情況，須先將代碼轉換成文字敘述。

例子：< meta name= "DC.Description.出版情況" content = "已停刊的連續性出版品">。

欄號 100 $a 位址 9-16：可省略，因爲可用欄號 210 $d 取代。

欄號 100 $a 位址 17-19：適用對象，須先將代碼轉換成文字敘述。

欄號 100 $a 位址 20：若代碼不是 y 或 u，則在都柏林核心集的資源類型欄位中，註明爲政府出版品。同時將機構層級記載於簡述欄位。

例子：< meta name= "DC.Type" content = "文字.政府出版品">。

< meta name= "DC.Description.機構層級" content =
"federal/national">。

欄號 100 $a 位址 21：可省略，因爲這是機讀編目格式記錄的修正記錄，與文件或資源本身無關。

欄號 100 $a 位址 22-24：編目語言，據以設定都柏林核心集的語言修飾詞。

欄號 100 $a 位址 25：可省略，在其他相關欄號會有註明。

欄號 100 $a 位址 26-33：字集和附加字集，若有註明，記載於語言欄位。

欄號 100 $a 位址 34-35：據以設定題名的語言修飾詞。

欄號 101 $a：正文語文，置入都柏林核心集的語言欄位中，語文代碼須要轉換。

例子：< meta name= "DC.Language " content = "zh">。

欄號 101 $b：據以翻譯之譯文語文，置入都柏林核心集的簡述欄位中，語文代碼須要轉換。

例子：< meta name= "DC.Description.翻譯來源語文" content =
"en">。

欄號 101 $c：原文語文，置入都柏林核心集的簡述欄位中，語文代碼須要轉換。

例子：< meta name= "DC.Description.原文" content = "en">。

欄號 101 $d：提要語文，置入都柏林核心集的簡述欄位中，語文代碼須要轉換。

欄號 101 $e：目次語文，置入都柏林核心集的簡述欄位中，語文代碼須要轉換 e。

欄號 101 $f：題名頁語文，置入都柏林核心集的簡述欄位中，語文代碼須要轉換。

欄號 101 $g：正題名語文，可省略，在其他相關欄號會有註明。

欄號 101 $h：歌詞語文，置入都柏林核心集的簡述欄位中，語文代碼須要轉換。

欄號 101 $i：附件語文，置入都柏林核心集的簡述欄位中，語文代碼須要轉換。

欄號 101 $j：影片字幕語文，置入都柏林核心集的簡述欄位中，語文代碼須要轉換。

欄號 102 $a：出版國別，與 210$a 合併，可省略。

欄號 102 $b：出版省縣市，與 210$a 合併，可省略。

欄號 105 $a 位址 0-3：插圖代碼，須依據國際機讀編目格式規定加以轉換。

欄號 105 $a 位址 4-7：內容形式代碼，須依據國際機讀編目格式規定加以轉換。

欄號 105 $a 位址 8：會議代碼，若值爲 1，在都柏林核心集的資源類型欄位中填入「文字.會議記錄」。

例子：< meta name= "DC.Type" content = "文字.會議記錄">。

欄號 105 $a 位址 9：紀念集指標，若值爲 1，在都柏林核心集的資源類型欄位中填入「文字.紀念集」。

例子：< meta name= "DC.Type" content = "文字.紀念集">。

欄號 105 $a 位址 10：索引指標，若值爲 1，在都柏林核心集的簡述欄位中填入「有索引」，否則填入「無索引」。

例子：< meta name= "DC.Description" content = "有索引">。

欄號 105 $a 位址 11：文學體裁代碼，須依據國際機讀編目格式規定加以轉換。

欄號 105 $a 位址 12：傳記代碼，須依據國際機讀編目格式規定加以轉換。

欄號 106 $a：文字資料形式特性，須依據國際機讀編目格式規定加以轉換。

欄號 110 $a 位址 0：連續性出版品類型，須依據國際機讀編目格式規定加以轉換。

欄號 110 $a 位址 1：連續性出版品刊期，須依據國際機讀編目格式規定加以轉換後，記載於欄位簡述中。

欄號 110 $a 位址 2：連續性出版品規則性，若值爲 a 或 b，在都柏林核心集的簡述欄位中填入「連續性出版品刊期有規則性」，否則填入「連續性出版品刊期無規則性」。

欄號 110 $a 位址 3：連續性出版品資料類型代碼，須依據國際機讀編目格式規定加以轉換後，記載於欄位資源類型中。

欄號 110 $a 位址 4：連續性出版品內容性質代碼，須依據國際機讀編目格式規定加以轉換後，記載於欄位資源類型中。

欄號 110 $a 位址 5：連續性出版品內容性質代碼，須依據國際機讀編目格式規定加以轉換後，記載於欄位資源類型中。

欄號 110 $a 位址 6：連續性出版品內容性質代碼，須依據國際機讀編目格式規定加以轉換後，記載於欄位資源類型中。

欄號 110 $a 位址 7：會議代碼，若值爲 1，在都柏林核心集的資源類型欄位中填入「文字.會議記錄」。

例子：< meta name= "DC.Type" content = "文字.會議記錄">。

欄號 110 $a 位址 8：題名頁來源代碼，可省略，因為與資料本身無關。

欄號 110 $a 位址 9：連續性出版品索引來源代碼，須將代碼依據國際機讀編目格式規定加以轉換後，記載於欄位簡述中。

欄號 110 $a 位址 10：連續性出版品彙編索引來源代碼，須將代碼依據國際機讀編目格式規定加以轉換後，記載於欄位簡述中。

欄號 115 $a 位址 0：影片資料類型代碼，須將代碼依據國際機讀編目格式規定加以轉換後，記載於欄位資源類型中。

欄號 115 $a 位址 1-3：影片資料長度，須將代碼依據國際機讀編目格式規定加以轉換後，記載於欄位資料格式中。

欄號 115 $a 位址 4：影片資料色彩，須將代碼依據國際機讀編目格式規定加以轉換後，記載於欄位資料格式中。

欄號 115 $a 位址 5：影片資料聲音，須將代碼依據國際機讀編目格式規定加以轉換後，記載於欄位資料格式中。

欄號 115 $a 位址 6：發聲媒體資料類型代碼，須將代碼依據國際機讀編目格式規定加以轉換後，記載於欄位資源類型中。

欄號 115 $a 位址 7：資料大小尺寸，須將代碼依據國際機讀編目格式規定加以轉換後，記載於欄位資料格式中。

欄號 115 $a 位址 8：影片發行形式，須將代碼依據國際機讀編目格式規定加以轉換後，記載於欄位資源類型中。

欄號 115 $a 位址 9：影片製作技術，若代碼為 a，欄位資源類型中填入「動畫」。若代碼為 b，欄位資源類型中填入「實景」。否則省略。

欄號 115 $a 位址 10：影片顯像形式，須將代碼依據國際機讀編目格式規定加以轉換後，記載於欄位資料格式中。

欄號 115 $a 位址 11-14：附件，須將代碼依據國際機讀編目格式規定加以轉換後，記載於欄位簡述中。

欄號 115 $a 位址 15：錄影資料發行形式，須將代碼依據國際機讀編目格式規定加以轉換後，記載於欄位資源類型中。

欄號 115 $a 位址 16：錄影資料規格，須將代碼依據國際機讀編目格式規定加以轉換後，記載於欄位資料格式中。

欄號 115 $a 位址 17：影片基底質料，須將代碼依據國際機讀編目格式規定加以轉換後，記載於欄位簡述中。

欄號 115 $a 位址 18：影片外框質料，須將代碼依據國際機讀編目格式規定加以轉換後，記載於欄位簡述中。

欄號 115 $a 位址 19：掃瞄線密度，須將代碼依據國際機讀編目格式規定加以轉換後，記載於欄位資料格式中。

欄號 115 $b 位址 0：影片外框質料，須將代碼依據國際機讀編目格式規定加以轉換後，記載於欄位簡述中。

欄號 115 $b 位址 1：工作片性質，須將代碼依據國際機讀編目格式規定加以轉換後，記載於欄位簡述中。

欄號 115 $b 位址 2：影片色彩，須將代碼依據國際機讀編目格式規定加以轉換後，記載於欄位資料格式中。

欄號 115 $b 位址 3：影片感光乳劑之極性，若代碼為 a，欄位資料格式中填入「正片」。若代碼為 b，欄位資料格式中填入「負片」。否則省略。

欄號 115 $b 位址 4：影片基底質料，須將代碼依據國際機讀編目格式規定加以轉換後，記載於欄位簡述中。

欄號 115 $b 位址 5：影片聲音種類，若代碼爲 a，欄位資料格式中填入「單音」；若代碼爲 b，欄位資料格式中填入「立體音」；若代碼爲 c，欄位資料格式中填入「環音系統」；否則省略。

欄號 115 $b 位址 6：影片種類，須將代碼依據國際機讀編目格式規定加以轉換後，記載於欄位資料格式中。

欄號 115 $b 位址 7：影片破損程度，須將代碼依據國際機讀編目格式規定加以轉換後，記載於欄位簡述中。

欄號 115 $b 位址 8：影片內容完整程度，須將代碼依據國際機讀編目格式規定加以轉換後，記載於欄位簡述中。

欄號 115 $b 位址 9-14：影片檢查日期，須將代碼依據國際機讀編目格式規定加以轉換後，記載於欄位簡述中。

欄號 116 $a 位址 0：特殊資料類型，須將代碼依據國際機讀編目格式規定加以轉換後，記載於欄位資源類型中。

欄號 116 $a 位址 1：作品質料，須將代碼依據國際機讀編目格式規定加以轉換後，記載於欄位簡述中。

欄號 116 $a 位址 2：外框質料，須將代碼依據國際機讀編目格式規定加以轉換後，記載於欄位簡述中。

欄號 116 $a 位址 3：色彩，須將代碼依據國際機讀編目格式規定加以轉換後，記載於欄位資料格式中。

欄號 116 $a 位址 4-9：圖片類型，須將代碼依據國際機讀編目格式規定加以轉換後，記載於欄位資源類型中。

欄號 116 $a 位址 10-15：圖片製作技術，須將代碼依據國際機讀編目格式規定加以轉換後，記載於欄位資料格式中。

欄號 116 $a 位址 16-17：圖片用途，須將代碼依據國際機讀編目格式規定加以轉換後，記載於欄位資源類型中。

欄號 117 $a 位址 0-1：立體物品用途，須將代碼依據國際機讀編目格式規定加以轉換後，記載於欄位資源類型中。

欄號 117 $a 位址 2-7：立體物品質料，須將代碼依據國際機讀編目格式規定加以轉換後，記載於欄位簡述中。

欄號 117 $a 位址 8：立體物品色彩，須將代碼依據國際機讀編目格式規定加以轉換後，記載於欄位資料格式中。

欄號 120 $a 位址 0：色彩，若代碼爲 a，欄位資料格式中填入"單色地圖"。若代碼爲 b，欄位資料格式中填入"彩色地圖"。

欄號 120 $a 位址 1：索引指標，須將代碼依據國際機讀編目格式規定加以轉換後，記載於欄位簡述中。

欄號 120 $a 位址 2：圖說指標，須將代碼依據國際機讀編目格式規定加以轉換後，記載於欄位簡述中。

欄號 120 $a 位址 3-6：地貌代碼，須將代碼依據國際機讀編目格式規定加以轉換後，記載於欄位資料格式中。

欄號 120 $a 位址 7-8：地圖投影，須將代碼依據國際機讀編目格式規定加以轉換後，記載於欄位資料格式中。

例子：< meta name= "DC.Format" content = "麥卡托投影">。

欄號 120 $a 位址 9-12：起始經線，須將代碼依據國際機讀編目格式規定加以轉換後，記載於欄位涵蓋時空中。

例子：< meta name= "DC.Coverage.X.Min" content = "格林威治">。

欄號 121 $a 位址 0：若代碼爲 a，欄位資料格式中填入「平面地圖」。若代碼爲 b，欄位資料格式中填入「立體地圖」。

欄號 121 $a 位址 1-2：地圖來源影像，非地圖本身資訊，故使用欄位簡述。須將代碼依據國際機讀編目格式規定加以轉換後，記載於欄位簡述中。

欄號 121 $a 位址 3-4：地圖媒體，須將代碼依據國際機讀編目格式規定加以轉換後，記載於欄位簡述中。

欄號 121 $a 位址 5：製圖技術，須將代碼依據國際機讀編目格式規定加以轉換後，記載於欄位簡述中。

欄號 121 $a 位址 6：複製方法，須將代碼依據國際機讀編目格式規定加以轉換後，記載於欄位簡述中。

欄號 121 $a 位址 7：大地平差法，須將代碼依據國際機讀編目格式規定加以轉換後，記載於欄位資料格式中。

欄號 121 $a 位址 8：地圖出版形式，須將代碼依據國際機讀編目格式規定加以轉換後，記載於欄位簡述中。

欄號 121 $b 位址 0：感測器高度，須將代碼依據國際機讀編目格式規定加以轉換後，記載於欄位資料格式中。

欄號 121 $b 位址 1：感測器角度，須將代碼依據國際機讀編目格式規定加以轉換後，記載於欄位資料格式中。

欄號 121 $b 位址 2-3：遙測光譜段數，須將代碼依據國際機讀編目格式規定加以轉換後，記載於欄位資料格式中。

欄號 121 $b 位址 4：影像品質，須將代碼依據國際機讀編目格式規定加以轉換後，記載於欄位簡述中。

例子：< meta name= "DC.Description" content = "影像品質差">。

欄號 121 $b 位址 5：雲量，須將代碼依據國際機讀編目格式規定加以轉換後，記載於欄位資料格式中。

欄號 121 $b 位址 6-7：地面解像平均值，須將代碼依據國際機讀編目格式規定加以轉換後，記載於欄位資料格式中。

例子：< meta name= "DC.Format.地面解像平均值" content = "6 公分">。

欄號 122 $a：作品涵蓋時間，須將代碼依據國際機讀編目格式規定加以轉換成 ISO 8601 格式後，記載於欄位涵蓋時空中。

例子：< meta name= "DC.Coverage.T" scheme="ISO 8601" content = "1998-09-17">。

欄號 123 $a：比例尺型式，須將代碼依據國際機讀編目格式規定加以轉換成文字後，記載於欄位資料格式中。

例子：< meta name= "DC.Format " content = "線比例尺">。

欄號 123 $b：水平比例尺，記載於欄位資料格式中。

例子：< meta name= "DC.Format.水平比例尺" content = "15000">。

欄號 123 $c：垂直比例尺，記載於欄位資料格式中。

欄號 123 $d：最西邊經度，轉換成 DMS 系統格式後，記載於欄位涵蓋時空中。

例子：< meta name= "DC.Coverage.X.Max " scheme="DMS" content = "015-00-00E">。

欄號 123 $e：最東邊經度，轉換成 DMS 系統格式後，記載於欄位涵蓋時空中。

例子：< meta name= "DC.Coverage.X.Min " scheme="DMS" content = "017-30-45E">。

欄號 123 $f：最北邊緯度，轉換成 DMS 系統格式後，記載於欄位涵蓋時空中。

例子：< meta name= "DC.Coverage.Y.Min " scheme="DMS" content = "001-30-12N">。

欄號 123 $g：最南邊緯度，轉換成 DMS 系統格式後，記載於欄位涵蓋時空中。

例子：< meta name= "DC.Coverage.Y.Max " scheme="DMS" content = "002-30-35S">。

欄號 123 $h：角比例尺，記載於欄位資料格式中。

欄號 123 $i：天體圖向北天極赤緯，記載於欄位資料格式中。

欄號 123 $j：天體圖向南天極赤緯，記載於欄位資料格式中。

欄號 123 $k：天體圖東端赤經，記載於欄位涵蓋時空中。

欄號 123 $m：天體圖西端赤經，記載於欄位涵蓋時空中。

欄號 123 $n：天體圖晝夜平分點，記載於欄位資料格式中。

欄號 123 $o：天體紀元，記載於欄位資料格式中。

欄號 124 $a：影像性質，須將代碼依據國際機讀編目格式規定加以轉換成文字後，記載於欄位資源類型中。

欄號 124 $b：地圖形式，須將代碼依據國際機讀編目格式規定加以轉換成文字後，記載於欄位資源類型中。

欄號 124 $c：影像技術，須將代碼依據國際機讀編目格式規定加以轉換成文字後，記載於欄位資料格式中。

欄號 124 $d：影像技術，須將代碼依據國際機讀編目格式規定加以轉換成文字後，記載於欄位簡述中。

欄號 124 $e：地圖衛星種類，須將代碼依據國際機讀編目格式規定加以轉換成文字後，記載於欄位簡述中。

欄號 124 $f：地圖衛星名稱，須將代碼依據國際機讀編目格式規定加以轉換成文字後，記載於欄位簡述中。

欄號 124 $g：地圖錄製技術，須將代碼依據國際機讀編目格式規定加以轉換成文字後，記載於欄位資料格式中。

欄號 125 $a 位址 0：樂譜型式，須將代碼依據國際機讀編目格式規定加以轉換成文字後，記載於欄位資源類型中。

欄號 125 $a 位址 1：分譜，若代碼為 a，欄位資料格式中填入「有分譜」；若代碼為 y，欄位資料格式中填入「無分譜」；否則省略。

欄號 125 $b：音樂資料附屬內容，須將代碼依據國際機讀編目格式規定加以轉換成文字後，記載於欄位簡述中。

欄號 126 $a 位址 0：發行型式，須將代碼依據國際機讀編目格式規定加以轉換成文字後，記載於欄位簡述中。

欄號 126 $a 位址 1：錄音速度，須將代碼依據國際機讀編目格式規定加以轉換成文字後，記載於欄位資料格式中。

欄號 126 $a 位址 2：聲道類型，須將代碼依據國際機讀編目格式規定加以轉換成文字後，記載於欄位資料格式中。

欄號 126 $a 位址 3：唱片紋寬，須將代碼依據國際機讀編目格式規定加以轉換成文字後，記載於欄位資料格式中。

欄號 126 $a 位址 4：唱片直徑，須將代碼依據國際機讀編目格式規定加以轉換成文字後，記載於欄位資料格式中。

欄號 126 $a 位址 5：錄音帶寬度，須將代碼依據國際機讀編目格式規定加以轉換成文字後，記載於欄位資料格式中。

欄號 126 $a 位址 6：錄音帶音軌，須將代碼依據國際機讀編目格式規定加以轉換成文字後，記載於欄位資料格式中。

欄號 126 $a 位址 7-12：音樂文字附件，須將代碼依據國際機讀編目格式規定加以轉換成文字後，記載於欄位簡述中。

欄號 126 $a 位址 13：錄製技術，須將代碼依據國際機讀編目格式規定加以轉換成文字後，記載於欄位資料格式中。

欄號 126 $a 位址 14：複製特性，須將代碼依據國際機讀編目格式規定加以轉換成文字後，記載於欄位資料格式中。

欄號 126 $b 位址 0：音樂帶類型，須將代碼依據國際機讀編目格式規定加以轉換成文字後，記載於欄位簡述中。

欄號 126 $b 位址 1：質料，須將代碼依據國際機讀編目格式規定加以轉換成文字後，記載於欄位簡述中。

欄號 126 $b 位址 2：錄音槽切割形式，須將代碼依據國際機讀編目格式規定加以轉換成文字後，記載於欄位簡述中。

欄號 127 $a：演奏時間，須將代碼依據國際機讀編目格式規定加以轉換成文字後，記載於欄位資料格式中。

例子：< meta name= "DC.Description.演奏時間" content = "2 小時 ">。

欄號 128 $a：作曲形式，須將代碼依據國際機讀編目格式規定加以轉換成文字，並在前面附加聲音（Sound）後，記載於欄位資源類型中。

例子：< meta name= "DC.Type " content = "聲音.芭蕾舞曲">。

欄號 128 $b：合奏樂器，須將代碼依據國際機讀編目格式規定加以轉換成文字後，記載於欄位簡述中。

欄號 128 $c：獨奏樂器，須將代碼依據國際機讀編目格式規定加以轉換換成文字後，記載於欄位簡述中。

欄號 130 $a 位址 0：微縮資料類型，須將代碼依據國際機讀編目格式規定加以轉換成文字後，記載於欄位資源類型中。

欄號 130 $a 位址 1：微縮片極性，須將代碼依據國際機讀編目格式規定加以轉換成文字後，記載於欄位資料格式中。

欄號 130 $a 位址 2：大小尺寸，須將代碼依據國際機讀編目格式規定加以轉換成文字後，記載於欄位資料格式中。

欄號 130 $a 位址 3：縮率，須將代碼依據國際機讀編目格式規定加以轉換成文字後，記載於欄位資料格式中。

欄號 130 $a 位址 4-6：閱讀放大倍率，須將代碼依據國際機讀編目格式規定加以轉換成文字後，記載於欄位資料格式中。

欄號 130 $a 位址 7：色彩，須將代碼依據國際機讀編目格式規定加以轉換成文字後，記載於欄位資料格式中。

欄號 130 $a 位址 8：軟片感光乳劑，須將代碼依據國際機讀編目格式規定加以轉換成文字後，記載於欄位簡述中。

欄號 130 $a 位址 9：軟片版類別，須將代碼依據國際機讀編目格式規定加以轉換成文字後，記載於欄位簡述中。

欄號 130 $a 位址 10：軟片基底，須將代碼依據國際機讀編目格式規定加以轉換成文字後，記載於欄位簡述中。

欄號 131 $a：球形體，須將代碼依據國際機讀編目格式規定（附錄 F）加以轉換成文字後，記載於欄位資料格式中。

欄號 131 $b：地圖水平基準面，須將代碼依據國際機讀編目格式規定（附錄 F）加以轉換成文字後，記載於欄位資料格式中。

欄號 131 $c：地圖主要網格與座標系統，須將代碼依據國際機讀編目格式規定（附錄 F）加以轉換成文字後，記載於欄位資料格式中。

欄號 131 $d：地圖重疊與座標系統，須將代碼依據國際機讀編目格式規定加以轉換成文字後，記載於欄位資料格式中。

欄號 131 $e：地圖次級網格與座標系統，須將代碼依據國際機讀編目格式規定加以轉換成文字後，記載於欄位資料格式中。

欄號 131 $f：地圖垂直基準面，須將代碼依據國際機讀編目格式規定加以轉換成文字後，記載於欄位資料格式中。

欄號 131 $g：地圖高層測量單位，須將代碼依據國際機讀編目格式規定加以轉換成文字後，記載於欄位資料格式中。

欄號 131 $h：地圖等高線間距，須將代碼依據國際機讀編目格式規定加以轉換成文字後，記載於欄位資料格式中。

欄號 131 $i：地圖助曲線間距，須將代碼依據國際機讀編目格式規定加以轉換成文字後，記載於欄位資料格式中。

欄號 131 $j：地圖深海測量單位，須將代碼依據國際機讀編目格式規定加以轉換成文字後，記載於欄位資料格式中。

欄號 131 $k：地圖等深線間距，須將代碼依據國際機讀編目格式規定加以轉換成文字後，記載於欄位資料格式中。

欄號 131 $l：地圖助等深線間距，須將代碼依據國際機讀編目格式規定加以轉換成文字後，記載於欄位資料格式中。

欄號 135 $a 位址 0：電腦資料類型，須將代碼依據國際機讀編目格式規定加以轉換成文字後，記載於欄位資源類型中。

例子：< meta name= "DC.Type " content = "互動式應用">。

欄號 140 $a 位址 0-3：插圖類型，須將代碼依據國際機讀編目格式規定加以轉換成文字後，記載於欄位簡述中。

欄號 140 $a 位址 4-7：插圖類型，須將代碼依據國際機讀編目格式規定加以轉換成文字後，記載於欄位簡述中。

欄號 140 $a 位址 8：插圖製作技術，須將代碼依據國際機讀編目格式規定加以轉換成文字後，記載於欄位簡述中。

欄號 140 $a 位址 9-16：內容類型，須將代碼依據國際機讀編目格式規定加以轉換成文字後，記載於欄位資源類型中。

欄號 140 $a 位址 17-18：文獻類型，須將代碼依據國際機讀編目格式規定加以轉換成文字後，記載於欄位資源類型中。

欄號 140 $a 位址 19：書目類型，須將代碼依據國際機讀編目格式規定加以轉換成文字後，記載於欄位資源類型中。

欄號 140 $a 位址 20：書本使用材料，須將代碼依據國際機讀編目格式規定加以轉換成文字後，記載於欄位簡述中。

欄號 140 $a 位址 21：使用材料，須將代碼依據國際機讀編目格式規定加以轉換成文字後，記載於欄位簡述中。

欄號 140 $a 位址 22：浮水印，須將代碼依據國際機讀編目格式規定加以轉換成文字後，記載於欄位簡述中。

欄號 140 $a 位址 23：印製者標誌，須將代碼依據國際機讀編目格式規定加以轉換成文字後，記載於欄位簡述中。

欄號 140 $a 位址 24：出版者標誌，須將代碼依據國際機讀編目格式規定加以轉換成文字後，記載於欄位簡述中。

欄號 140 $a 位址 25：裝飾標誌，須將代碼依據國際機讀編目格式規定加以轉換成文字後，記載於欄位簡述中。

欄號 141 $a 位址 0-2：裝訂材料，須將代碼依據國際機讀編目格式規定加以轉換成文字後，記載於欄位簡述中。

欄號 141 $a 位址 3：裝訂方式，須將代碼依據國際機讀編目格式規定加以轉換成文字後，記載於欄位簡述中。

欄號 141 $a 位址 4：合刊狀態，須將代碼依據國際機讀編目格式規定加以轉換成文字後，記載於欄位簡述中。

欄號 141 $a 位址 5：裝訂保存狀態，須將代碼依據國際機讀編目格式規定加以轉換成文字後，記載於欄位簡述中。

欄號 141 $a 位址 6-7：書籍本身保存狀態，須將代碼依據國際機讀編目格式規定加以轉換成文字後，記載於欄位簡述中。

欄號 141 $5：裝訂機構，須將代碼依據國際機讀編目格式規定加以轉換成文字後，記載於欄位簡述中。

第三節　2 段欄號

表 2-5.　UNIMARC Description Information Block Mapping Table

UNIMARC			Dublin Core		
Field	Position	Indicator	Field	Qualifier	
				Scheme(**{field}Scheme)	Subelement(**{field} Type)
200 $a			Title		
200 $b			Type		
200 $c			Title		
200 $d			Title		Parallel title proper
200 $e			Title (or		Subtitle (or

			Description)		Other title information)
200 $f			Creator		
200 $g			Contributor		
200 $h			Description		Number of a part
200 $i			Description		Name of a part
200 $v			Description		Volume
200 $5			*		
205 $a			Description		Edition
205 $b			Description		Issue
205 $d			Description		Parallel Edition
205 $f			Contributor		
205 $g			Contributor		
206 $a			*		
207 $a			Description		Serials numbering
207 $z			Description		Source of serials numbering
208 $a			Type		
208 $d			Type		
210 $a+$b			Publisher		Address of Publisher
210 $c			Publisher		
210 $d			Date		
210 $e+$f			Description		Address of manufacturer

210 $g			Description		Manufacturer
210 $h			Date		Date of Manufacture
211 $a			Date		Projected publication date
215 $a			Format		Page
215 $c			Format		Physical details
215 $d			Format		Dimensions
215 $e			Description		Accompanying Material
225 $a			Title		Series Title
225 $d			Title		Parallel series Title
225 $e			Title (or Description)		Series subtitle (or Other series title information)
225 $f			Creator		
225 $h			Description		Number of a part
225 $i			Description		Name of a part
225 $v			Description		Volume of series
225 $x			Identifier	ISSN	
230 $a			Format		Computer file Characteristics

* and ** mean the omission of fields and the names of qualifiers in DC/RDF, respectively.

表 2-6. 國際機讀編目格式第 2 段欄號的對照表

國際機讀編目格式			都柏林核心集		
欄位	位址	指標	欄位	修飾詞	
				架構(**{欄位}架構)	次項目(**{欄位}類別)
200 $a			題名(Title)		
200 $b			資源類型(Type)		
200 $c			題名(Title)		合刊本個別作品題名
200 $d			題名(Title)		並列題名
200 $e			題名(Title)或簡述(Description)		副題名或其他題名資訊
200 $f			著者(Creator)		
200 $g			其他參與者(Contributor)		
200 $h			簡述(Description)		編次
200 $i			簡述(Description)		編次名稱
200 $v			簡述(Description)		冊次號
200 $5			*		
204 $a			資源類型(Type)		
205 $a			簡述(Description)		版本

205 $b			簡述 (Description)		版本
205 $d			簡述 (Description)		並列版本
205 $f			其他參與者 (Contributor)		
205 $g			其他參與者 (Contributor)		
206 $a			*		
207 $a			簡述 (Description)		連續性出版品卷期編次
207 $z			簡述 (Description)		連續性出版品卷期編次來源
208 $a			資源類型 (Type)		
208 $d			資源類型 (Type)		
210 $a+$b			出版者 (Publisher)		出版地
210 $c			出版者 (Publisher)		
210 $d			出版日期 (Date)		
210 $e+$f			簡述 (Description)		印製地
210 $g			簡述 (Description)		印製者

210 $h			出版日期 (Date)		印製日期
211 $a			出版日期 (Date)		預定出版日期
215 $a			資料格式 (Format)		數量
215 $c			資料格式 (Format)		插圖及其他稽核資料
215 $d			資料格式 (Format)		尺寸
215 $e			簡述 (Description)		附件
225 $a			題名(Title)		集叢名
225 $d			題名(Title)		並列集叢名
225 $e			題名(Title)或簡述 (Description)		集叢副題名或其他集叢題名資訊
225 $f			著者(Creator)		
225 $h			簡述 (Description)		編次
225 $i			簡述 (Description)		編次名稱
225 $v			簡述 (Description)		集叢號
225 $x			資源識別代號(Identifier)	國際標準叢刊號(ISSN)	
230 $a			資料格式 (Format)		電腦檔案特性

* 與 ** 分別代表省略欄位和 DC/RDF 所使用的修飾詞名稱。

以下是針對上述表格的詳細說明和例子：

欄號 200 $a：正題名，須將欄號 101 $g 位址 34 的題名語文代碼，記載於語言修飾詞中。

例子：< meta name= "DC.Title" lang="en" content = "Guidebook to Henry VIII's Palace of Hampton Court">。

欄號 200 $b：資源類型，記載於欄位資源類型中。

欄號 200 $c：合刊本其他著者作品，都柏林核心集中欄位題名可重覆，因此合刊本中的所有個別作品，記載於欄位題名中，並在次項目修飾詞（DC/RDF 之項目修飾詞）中寫入「合刊本個別作品題名」。

欄號 200 $d：並列題名，須將欄號 200 $z 的並列題名語文代碼，依據國際機讀編目格式規定加以轉換成文字後，記載於語言修飾詞中，並在次項目修飾詞（DC/RDF 之項目修飾詞）中寫入「並列題名」。

例子：< meta name= "DC.Title.並列題名 " lang="en" content = "Bulletin of the Library Association of China">。

欄號 200 $e：副題名或其他題名資訊，如果是副題名，可以與 $a 合併或單獨記載於欄位題名中，並在次項目修飾詞（DC/RDF 之項目修飾詞）中寫入「副題名」。如果是其他題名資訊，記載於欄位簡述中，並在次項目修飾詞（DC/RDF 之項目修飾詞）中寫入「其他題名資訊」。

欄號 200 $f：著者，都柏林核心集中欄位著者可重覆，因此所有著者一視同仁，同時著者姓名建議使用姓在前方式。

例子一：< meta name= "DC.Creator" content = "Gorey, Edward">。

欄號 200 $g：其他參與者，依照 UNIMARC 說明，爲翻譯者、插圖者等，因此記載於欄位其他參與者中，並在次項目修飾詞（DC/RDF 之項目修飾詞）中寫入適當用語。

欄號 200 $h：編次，記載於欄位簡述中，並在次項目修飾詞（DC/RDF 之項目修飾詞）中寫入「編次」。

欄號 200 $i：編次名稱，記載於欄位簡述中，並在次項目修飾詞（DC/RDF 之項目修飾詞）中寫入「編次名稱」。

欄號 200 $v：冊次號，記載於欄位簡述中，並在次項目修飾詞（DC/RDF 之項目修飾詞）中寫入「冊次號」。

欄號 200 $z：並列題名語文，用以設定 200$d 的語言修飾詞。

欄號 200 $5：著錄機構，可省略。否則記載於欄位簡述中，並在次項目修飾詞（DC/RDF 之項目修飾詞）中寫入「編次」。

欄號 205 $a：版本敘述，記載於欄位簡述中。

例子：< meta name= "DC.Description.版本" content = "增訂版">。

欄號 205 $b：版本其他名稱敘述，都柏林核心集中欄位可重覆，毋須與欄號 205 $a 區分，都記載於欄位簡述中。

欄號 205 $d：並列版本敘述，都柏林核心集中欄位可重覆，毋須與欄號 205 $a 區分，都記載於欄位簡述中。

欄號 205 $f：版本著者敘述，若是與欄號 200 $f 或 200 $g 重覆則省略，否則按其扮演角色，記載於欄位其他參與者中。

例子：< meta name= "DC.Contributor.editor" content = "Lewis, Larry C.">。

欄號 205 $g：版本其他著者敘述，若是與欄號 200 $f 或 200 $g 重覆則省略，否則按其扮演角色，記載於欄位其他參與者中。

欄號 206 $a：製圖細節，可省略，依據 UNIMARC 文獻中說明，其資料與欄號 120、122、123、131 等相關欄號中的重覆，純粹爲文字顯示用途。

欄號 207 $a：卷期編次，記載於欄位簡述中。

例子：< meta name= "DC.Description.連續性出版品卷期編次" content = "第一卷第一期（民 65 年 7 月）">。

欄號 207 $z：卷期編次來源，記載於欄位簡述中。

欄號 208 $a：樂譜型式，若是資料與欄號 125$a 等相關欄號中的重覆則省略，否則記載於欄位資源類型中。

欄號 208 $d：並列樂譜型式，記載於欄位資源類型中。

欄號 210 $a+$b：出版地，與 102 $a 與$b 等相關欄號中的資料重覆則省略，否則記載於欄位出版者中。

例子：< meta name= "DC.Publisher.出版地" content = "臺北市重慶南路一段 99 號 11 樓">。

欄號 210 $c：出版者，記載於欄位出版者中。

例子：< meta name= "DC.Publisher" content = "漢美圖書">。

欄號 210 $d：出版日期，若是資料與欄號 205、100$a 位址 9-16 等相關欄號重覆則省略，否則記載於欄位出版日期中。

例子：< meta name= "DC.Date " content = "民 87 年 5 月">。

欄號 210 $e+$f：印製地，記載於欄位簡述中，並在次項目修飾詞（DC/RDF 之項目修飾詞）中寫入「印製地」。

欄號 210 $g：印製者，記載於欄位簡述中，並在次項目修飾詞（DC/RDF 之項目修飾詞）中寫入「印製者」。

欄號 210 $h：印製日期，記載於欄位出版日期中，並在次項目修飾詞

（DC/RDF 之項目修飾詞）中寫入「印製日期」。

欄號 211 $a：預定出版日期，若是資料與欄號 210$d 重覆則省略，否則記載於欄位出版日期中，並在次項目修飾詞（DC/RDF 之項目修飾詞）中寫入「預定出版日期」。

欄號 215 $a：數量，若是資料與相關欄號中的重覆則省略，否則記載於欄位資料格式中，並在次項目修飾詞（DC/RDF 之項目修飾詞）中寫入「數量」。

例子：< meta name= "DC.Format.數量" content = "三張磁碟片">。

欄號 215 $c：插圖及其他稽核資料，若是資料與相關欄號中的重覆則省略，否則記載於欄位資料格式中，並在次項目修飾詞（DC/RDF 之項目修飾詞）中寫入「插圖及其他稽核資料」。

例子：< meta name= "DC.Format.插圖及其他稽核資料 " content = "有聲，彩色">。

欄號 215 $d：高廣、尺寸，若是資料與相關欄號中的重覆則省略，否則記載於欄位資料格式中，並在次項目修飾詞（DC/RDF 之項目修飾詞）中寫入「尺寸」。

欄號 215 $e：附件，若是資料與相關欄號中的重覆則省略，否則記載於欄位簡述中，並在次項目修飾詞（DC/RDF 之項目修飾詞）中寫入「附件」。

例子：< meta name= "DC.Description.附件 " content = "教師手冊">。

欄號 225 $a：集叢名，若是資料與欄號 200 中的重覆則省略，否則記載於欄位題名中。

例子：< meta name= "DC.Title.集叢名" content = "人人文庫">。

欄號 225 $d：並列集叢名，若是資料與欄號 200 中的重覆則省略，否則記載於欄位題名中。同時須將欄號 225 $z 的並列題名語文代碼，依據國際機讀編目格式規定加以轉換成文字後，記載於語言修飾詞中。

欄號 225 $e：集叢副題名或集叢其他題名資訊，如果是副題名，可以與 $a 合併或單獨記載於欄位題名中，並在次項目修飾詞（DC/RDF 之項目修飾詞）中寫入「集叢副題名」。如果是其他題名資訊，記載於欄位簡述中，並在次項目修飾詞（DC/RDF 之項目修飾詞）中寫入「集叢其他題名資訊」。

欄號 225 $f：集叢著者敘述，若是資料與欄號 200 中的重覆則省略，否則記載於欄位著者中。同時著者姓名建議使用姓在前方式。

欄號 225 $h：編次，記載於欄位簡述中。

欄號 225 $i：編次名稱，記載於欄位簡述中。

欄號 225 $v：集叢號，記載於欄位簡述中。

例子：< meta name= "DC.Description.集叢號" content = "特 121">。

欄號 225 $x：集叢 ISSN，若是資料與欄號 011 中的重覆則省略，否則記載於欄位資源識別代號中。

例子：< meta name= "DC.Identifier " scheme="ISSN" content = "0882-5297">。

欄號 225 $z：集叢並列題名語文，用以設定 225$d 的語言修飾詞。

欄號 230 $a：電腦檔案特性，若是資料與欄號 135 $a 等相關欄號中的重覆則省略，否則記載於欄位資料格式中。

第四節　3 段欄號

表 2-7.　UNIMARC Notes Block Mapping Table

UNIMARC			Dublin Core		
Field	Position	Indicator	Field	Qualifier	
				Scheme(**{field}Scheme)	Subelement(**{field} Type)
300 $a			Description		
301 $a			Identifier		
302 $a			Description		Notes pertaining to coded information
303 $a			Description		Notes pertaining to descriptive information
304 $a			Title 、Creator or Description		Notes pertaining to title and creator
305 $a			Description		Notes pertaining to edition
306 $a			Publisher、Date or Description		Notes pertaining to publication
307 $a			Description		Notes

					pertaining to physical description
308 $a			Description		Notes pertaining to Series
310 $a			Description		Notes pertaining to binding and availability
311 $a			Description		Notes pertaining to linking fields
312 $a			Title		
313 $a			Subject or Description		Notes pertaining to subject access
314 $a			Contributor		
315 $a			Description		Notes pertaining to material specific information
316 $a			Description		Note relating to the copy in hand
316 $5			Description		The owner of the copy

317 $a			Description		Provenance note
317 $5			Description		The owner of the copy
318 $a+$b+$c+$d+$e+$f+$h+$I+$j+$k+$l+$n+$o+$p+$r+$5			Description		Preservation note
320 $a			Description		Bibliography/indexes note
321 $a+$b			Description		Bibliography/indexes note
321 $x			Relation	ISSN	Reference
322 $a			Contributor		
323 $a			Contributor		Cast
324 $a			Relation		Original version
325 $a			Description		Reproduction source
326 $a+$b			Description		Frequency of serials
327 $a			Description		Contents note
328 $a			Description		Dissertation note

330 $a			Description		Abstract
332 $a			Description		Citation
333 $a			Description		Target audience
336 $a			Type		
337$a			Format		
345 $a+$c +$d			Description		Acquisition information
345 $b			Identifier		Stock number

* and ** mean the omission of fields and the names of qualifiers in DC/RDF, respectively.

表 2-8.　國際機讀編目格式第 3 段欄號的對照表

國際機讀編目格式			都柏林核心集		
欄位	位址	指標	欄位	修飾詞	
				架構(**{欄位}架構)	次項目(**{欄位}類別)
300 $a			簡述(Description)		
301 $a			資源識別代號(Identifier)		
302 $a			簡述(Description)		編碼資訊相關附註
303 $a			簡述(Description)		描述資訊相關附註
304 $a			題名(Title)、		題名與著者

			著者(Creator)或簡述(Description)		相關附註
305 $a			簡述(Description)		版本相關附註
306 $a			出版者(Publisher)、出版日期(Date)或簡述(Description)		出版相關附註
307 $a			簡述(Description)		實體特性相關附註
308 $a			簡述(Description)		叢刊相關附註
310 $a			簡述(Description)		發行相關附註
311 $a			簡述(Description)		連結相關附註
312 $a			題名(Title)		
313 $a			主題(Subject)、或簡述(Description)		主題相關附註
314 $a			其他參與者(Contributor)		
315 $a			簡述(Description)		物體特性相關附註
316 $a			簡述		古籍複本相

			(Description)		關附註
316 $5			簡述 (Description)		古籍複本擁有機構
317 $a			簡述 (Description)		古籍出處相關附註
317 $5			簡述 (Description)		古籍擁有機構
318 $a+$b+$c+$d+$e+$f+$h+$I+$j+$k+$l+$n+$o+$p+$r+$5			簡述 (Description)		古籍保存相關附註
320 $a			簡述 (Description)		書目與索引相關附註
321 $a+$b			簡述 (Description)		書目與索引相關附註
321 $x			關連(Relation)	ISSN	參考關係
322 $a			其他參與者 (Contributor)		
323 $a			其他參與者 (Contributor)		演出者
324 $a			關連(Relation)		原始版本
325 $a			關連(Relation)		複製來源
326 $a+$b			簡述 (Description)		期刊出版頻率

327 $a			簡述 (Description)		內容註
328 $a			簡述 (Description)		學位論文註
330 $a			簡述 (Description)		摘要註
332 $a			簡述 (Description)		引用註
333 $a			簡述 (Description)		適用對象
336 $a			資源類型 (Type)		
337 $a			資料格式 (Format)		
345 $a+$c +$d			簡述 (Description)		採購資訊
345 $b			資源識別代 號(Identifier)		採購編號

＊與 ＊＊ 分別代表省略欄位和 DC/RDF 所使用的修飾詞名稱。

以下是針對上述表格的詳細說明和例子：

欄號 300 $a：一般附註，記載於欄位簡述中。

例子：< meta name= "DC.Description" content = "中英對照">。

欄號 301 $a：資源識別代號相關附註，若是與相關欄號中的重覆則省略，否則記載於欄位資源識別代號中。

例子：< meta name= "DC.Identifier" content = "DOE/EIA-

0031/2">。

欄號 302 $a：編碼資訊相關附註，記載於欄位簡述中。

欄號 303 $a：描述資訊相關附註，記載於欄位簡述中。

欄號 304 $a：題名與著者相關附註，若是與相關欄號中的重覆則省略，否則記載於欄位題名、著者、簡述中，若是使用欄位簡述，則在次項目修飾詞（DC/RDF 之項目修飾詞）中寫入「題名與著者相關附註」。

欄號 305 $a：版本相關附註，記載於欄位簡述中。

欄號 306 $a：出版相關附註，若是與相關欄號中的重覆則省略，否則記載於欄位出版者、出版日期、簡述中，若是使用欄位簡述，則在次項目修飾詞（DC/RDF 之項目修飾詞）中寫入「出版相關附註」。

欄號 307 $a：實體特性相關附註，記載於欄位簡述中。

欄號 308 $a：叢刊相關附註，記載於欄位簡述中。

欄號 310 $a：發行相關附註，記載於欄位簡述中。

欄號 311 $a：連結相關附註，記載於欄位簡述中。

欄號 312 $a：題名相關附註，若是與相關欄號中的重覆則省略，否則記載於欄位題名中，在次項目修飾詞（DC/RDF 之項目修飾詞）中寫入適當用語。

欄號 313 $a：主題相關附註，若是與相關欄號中的重覆則省略，否則記載於欄位主題中，若是使用欄位簡述，則在次項目修飾詞（DC/RDF 之項目修飾詞）中寫入「主題相關附註」。

欄號 314 $a：著作相關附註，若是與相關欄號中的重覆則省略，否則記載於欄位其他參與者中，在次項目修飾詞（DC/RDF 之項目修飾詞）中寫入適當用語。

欄號 315 $a：物體特性相關附註，記載於欄位簡述中。

欄號 316 $a：古籍複本相關附註，記載於欄位簡述中。

欄號 316 $5：古籍複本擁有機構，記載於欄位簡述中。

欄號 317 $a：古籍出處相關附註，記載於欄位簡述中。

欄號 317 $5：古籍擁有機構，記載於欄位簡述中。

欄號 318 $a+$b+$c+$d+$e+$f+$h+$I+$j+$k+$l+$n+$o+$p+$r+$5：古籍保存相關附註，記載於欄位簡述中。

欄號 320 $a：書目與索引相關附註，記載於欄位簡述中。

欄號 321 $a+$b：書目與索引相關附註，記載於欄位簡述中。

欄號 321 $x：ISSN，若是與相關欄號中的重覆則省略，否則記載於欄位中。

欄號 322 $a：著作相關附註，若是與相關欄號中的重覆則省略，否則記載於欄位其他參與者中，在次項目修飾詞（DC/RDF 之項目修飾詞）中寫入適當用語。

欄號 323 $a：演出者相關附註，若是與相關欄號中的重覆則省略，否則記載於欄位其他參與者中，在次項目修飾詞（DC/RDF 之項目修飾詞）中寫入「演出者」。

欄號 324 $a：原始版本相關附註，若是與相關欄號中的重覆則省略，否則記載於欄位關連中，在次項目修飾詞（DC/RDF 之項目修飾詞）中寫入「原始版本」。

欄號 325 $a：複製來源相關附註，若是與相關欄號中的重覆則省略，否則記載於欄位關連中，在次項目修飾詞（DC/RDF 之項目修飾詞）中寫入「複製來源」。

欄號 326 $a+$b：期刊出版頻率相關附註，若是與相關欄號中的重覆則省略，否則記載於欄位簡述中，在次項目修飾詞（DC/RDF 之項目修飾詞）中寫入「期刊出版平頻率」。

欄號 327：內容註，記載於欄位簡述中。

欄號 328 $a：學位論文註，記載於欄位簡述中。

欄號 330 $a：摘要註，記載於欄位簡述中。

欄號 332 $a：引用註，記載於欄位簡述中。

欄號 333 $a：適用對象相關附註，若是與相關欄號中的重覆則省略，否則記載於欄位簡述中，在次項目修飾詞（DC/RDF 之項目修飾詞）中寫入「適用對象」。

欄號 336 $a：電腦檔案內容相關附註，若是與相關欄號中的重覆則省略，否則記載於欄位資源類型中。

欄號 337 $a：電腦檔案技術細節附註，若是與相關欄號中的重覆則省略，否則記載於欄位資料格式中。

欄號 345 $a+$c+$d：採購資訊相關附註，若是與相關欄號中的重覆則省略，否則記載於欄位簡述中，在次項目修飾詞（DC/RDF 之項目修飾詞）中寫入「採購資訊」。

欄號 345 $b：採購編號，若是與相關欄號中的重覆則省略，否則記載於欄位資源識別代號中，在次項目修飾詞（DC/RDF 之項目修飾詞）中寫入「採購編號」。

第五節　4 段欄號

國際機讀編目格式第 4 段欄號主要在連結不同的書目記錄，轉換時搜尋第 4 段欄號內嵌之欄號 011$a、200$a、530$a、500$a 等的值，原則上祇選一個代表值即可，以資源識別代碼如 ISSN 等爲第一優先，題名次之。置放於都柏林核心集的欄位關連，並在次項目修飾詞（DC/RDF 的項目修飾詞）中，依據下列表格寫入適當用語。

表 2-9. UNIMARC Linking Entry Block Mapping Table

UNIMARC			Dublin Core		
Field	Position	Indicator	Field	Qualifier	
				Scheme(**{field}Scheme)	Subelement(**{field} Type)
410			*		
411			Relation		Subseries
421			Relation		Supplement
422			Relation		Parent of supplement
423			Description		Issued with
430			Relation		Continues
431			Relation		Continues in part
432			Relation		Continues
433			Relation		Continues in part
434			Relation		Absorbed
435			Relation		Absorbed in part
436			Relation		Formed by merger

					of …, …, and …
437			Relation		Continues in part
440			Relation		Continued by
441			Relation		Continued in part by
442			Relation		Continued by
443			Relation		Continued in part by
444			Relation		Absorbed by
445			Relation		Absorbed in part by
446			Relation		Split into …, …, and …
447			Relation		Merged with … and … to form …
448			Relation		Changed back to
451			Relation		Other edition in same medium
452			Relation		Edition in a different medium
453			Title		Translated

					Title
454			Source		Translation of
455			Source		Reproduction of
456			Description or Source		Reproduced as
461			*		
462			*		
463			*		
464			*		
470			Relation		Item reviewed
481			Description		Bound with
482			Description		Bound with
488			*		

* and ** mean the omission of fields and the names of qualifiers in DC/RDF, respectively.

表 2-10. 國際機讀編目格式第 4 段欄號的對照表

國際機讀編目格式			都柏林核心集		
欄位	位址	指標	欄位	修飾詞	
				架構(**{欄位}架構)	次項目(**{欄位}類別)
410			*		
411			關連(Relation)		附屬集叢關係
421			關連(Relation)		補篇關係
422			關連(Relation)		本篇關係

423			簡述 (Description)	合刊
430			關連(Relation)	繼續關係
431			關連(Relation)	衍自關係
432			關連(Relation)	繼續關係
433			關連(Relation)	衍自關係
434			關連(Relation)	合併關係
435			關連(Relation)	部分合併關係
436			關連(Relation)	多個合併關係
437			關連(Relation)	衍自關係
440			關連(Relation)	改名關係
441			關連(Relation)	部份衍成關係
442			關連(Relation)	改名關係
443			關連(Relation)	部份衍成關係
444			關連(Relation)	併入關係
445			關連(Relation)	部分併入關係
446			關連(Relation)	衍成關係
447			關連(Relation)	合併(或改名)關係
448			關連(Relation)	恢復原題名關係
451			關連(Relation)	同媒體其他版本關係

452			關連(Relation)		不同媒體其他版本關係
453			題名(Title)		翻譯題名
454			來源(Source)		譯自關係
455			來源(Source)		複製來源關係
456			簡述(Description)或來源(Source)		複製品
461			*		
462			*		
463			*		
464			*		
470			關連(Relation)		被評論關係
481			簡述(Description)		合刊
482			簡述(Description)		合刊
488			*		

* 與 ** 分別代表省略欄位和 DC/RDF 所使用的修飾詞名稱。

以下是針對上述表格的詳細說明和例子：

欄號 410：記載向上連結的集叢名，資料與欄號 225 重覆所以省略。

欄號 411：附屬集叢關係，記載向下連結的附屬集叢名，祇須截取附屬集叢名記載即可。

例子：< meta name= "DC.Relation.附屬集叢關係" content =

"Engineering series">。

欄號 421：補篇關係，記載擁有的附刊或補篇，祇須截取附刊或補篇的名稱記載即可。

欄號 422：本篇關係，記載擁有此附刊或補篇的本篇，祇須截取本篇的名稱記載即可。

欄號 423：合刊，若是資料與欄號 300 和 327 等相關欄號的重覆則省略，否則記載於欄位簡述中。合刊中的文件並不以獨立個體存在，故不使用欄位關連或來源。

例子：< meta name= "DC.Description.合刊" content = "無線區域網路/黃倩如">。

欄號 430：繼續關係。假如被連結的記錄（舊集叢）不存在，則將此欄號資料獨立成另外一個記錄，否則利用欄位關連來連結兩者，同時記載其次項目修飾詞（DC/RDF 之項目修飾詞）為「繼續關係」。

欄號 431：衍自關係，假如被連結的記錄不存在，則將此欄號資料獨立成另外一個記錄，否則利用欄位關連來連結兩者，同時記載其次項目修飾詞（DC/RDF 之項目修飾詞）為「衍自關係」。

欄號 432：繼續關係，參照欄號 430 方式處理，欄號 432 已不在使用，而以欄號 430 取代。

欄號 433：衍自關係，參照欄號 431 方式處理，欄號 433 已不在使用，而以欄號 431 取代。

欄號 434：合併關係，假如被連結的記錄不存在，則將此欄號資料獨立成另外一個記錄，否則利用欄位關連來連結兩者，同時記載其次項目修飾詞（DC/RDF 之項目修飾詞）為「合併關係」。

欄號 435：部分合併關係，假如被連結的記錄不存在，則將此欄號資料獨立成另外一個記錄，否則利用欄位關連來連結兩者，同時記載其次項目修飾詞（DC/RDF 之項目修飾詞）為「部分合併關係」。

欄號 436：多個合併關係，假如被連結的記錄不存在，則將此欄號資料獨立成另外一個記錄，否則利用欄位關連來連結兩者，同時記載其次項目修飾詞（DC/RDF 之項目修飾詞）為「多個合併關係」。

欄號 437：衍自關係，參照欄號 431 方式處理，欄號 437 已不在使用，而以欄號 431 取代。

欄號 440：改名關係，假如被連結的記錄不存在，則將此欄號資料獨立成另外一個記錄，否則利用欄位關連來連結兩者，同時記載其次項目修飾詞（DC/RDF 之項目修飾詞）為「改名關係」。

欄號 441：部份衍成關係，假如被連結的記錄不存在，則將此欄號資料獨立成另外一個記錄，否則利用欄位關連來連結兩者，同時記載其次項目修飾詞（DC/RDF 之項目修飾詞）為「部份衍成關係」。

欄號 442：改名關係，參照欄號 440 方式處理，欄號 442 已不在使用，而以欄號 440 取代。

欄號 443：部份衍成關係，參照欄號 441 方式處理，欄號 443 已不在使用，而以欄號 441 取代。

欄號 444：併入關係，假如被連結的記錄不存在，則將此欄號資料獨立成另外一個記錄，否則利用欄位關連來連結兩者，同時記載其次項目修飾詞（DC/RDF 之項目修飾詞）為「併入關係」。

欄號 445：部分併入關係，假如被連結的記錄不存在，則將此欄號資料獨立成另外一個記錄，否則利用欄位關連來連結兩者，同時記載其次項目修飾詞（DC/RDF 之項目修飾詞）為「部分併入關係」。

欄號 446：衍成關係，假如被連結的記錄不存在，則將此欄號資料獨立成另外一個記錄，否則利用欄位關連來連結兩者，同時記載其次項目修飾詞（DC/RDF 之項目修飾詞）為「衍成關係」。

欄號 447：合併（或改名）關係，除了最後一個記錄使用改名關係外，其餘記錄使用合併關係。假如被連結的記錄不存在，則將此欄號資料獨立成另外一個記錄，否則利用欄位關連來連結兩者，同時記載其次項目修飾詞（DC/RDF 之項目修飾詞）為「合併關係」（或「改名關係」）。

欄號 448：恢復原題名關係，假如被連結的記錄不存在，則將此欄號資料獨立成另外一個記錄，否則利用欄位關連來連結兩者，同時記載其次項目修飾詞（DC/RDF 之項目修飾詞）為「恢復原題名關係」。

欄號 451：同媒體其他版本關係，假如被連結的記錄不存在，則將此欄號資料獨立成另外一個記錄，否則利用欄位關連來連結兩者，同時記載其次項目修飾詞（DC/RDF 之項目修飾詞）為「同媒體其他版本關係」。內容記載以 ISSN 為主，以利資料查尋。

例子：< meta name= "DC.Relation.同媒體其他版本關係"

Lang="en" Scheme="ISSN" content = "0366-7073">。

欄號 452：不同媒體其他版本關係，假如被連結的記錄不存在，則將此欄號資料獨立成另外一個記錄，否則利用欄位關連來連結兩者，同時記載其次項目修飾詞（DC/RDF 之項目修飾詞）爲「不同媒體其他版本關係」。內容記載盡量以識別號（如 ISSN、ISBN、URN）爲主，若無則使用題名。

欄號 453：翻譯題名，假如資料不與其他相關欄號重複，則使用欄位題名來記載，同時其次項目修飾詞（DC/RDF 之項目修飾詞）爲「翻譯題名」。

欄號 454：譯自關係，假如被連結的記錄不存在，則將此欄號資料獨立成另外一個記錄，否則利用欄位來源來連結兩者，同時記載其次項目修飾詞（DC/RDF 之項目修飾詞）爲「譯自關係」。

欄號 455：複製來源關係，假如被連結的記錄不存在，則將此欄號資料獨立成另外一個記錄，否則利用欄位來源來連結兩者。同時記載其次項目修飾詞（DC/RDF 之項目修飾詞）爲「複製來源關係」。內容記載盡量以識別號（如 ISSN、ISBN、URN）爲主，若無則使用題名。

欄號 455：複製品，假如被連結的記錄不存在，則記載於欄位簡述，其次項目修飾詞（DC/RDF 之項目修飾詞）爲「複製品」。否則利用欄位來源來連結兩者，同時記載其次項目修飾詞（DC/RDF 之項目修飾詞）爲「複製品」，內容記載盡量以識別號（如 ISSN、ISBN、URN）爲主。

欄號 461：記載向上連結的集叢名，資料與欄號 225 重覆所以省略。否則利用欄位題名來記載，同時其次項目修飾詞（DC/RDF 之項目修飾詞）爲「集叢名」。

欄號 462：處理方式同欄號 461。

欄號 463：資料與其他欄號重覆所以省略。

欄號 464：資料與其他欄號重覆所以省略。

欄號 470：被評論關係，假如被連結的記錄不存在，則將此欄號資料獨立成另外一個記錄，否則利用欄位關連來連結兩者，同時記載其次項目修飾詞（DC/RDF 之項目修飾詞）爲「被評論關係」。

欄號 481：合刊，若是資料與其他欄號重覆則省略，否則記載於欄位簡述中。合刊中的文件並不以獨立個體存在，故不使用欄位關連或來源。

欄號 482：處理方式同欄號 481。

欄號 488：其他作品關係，資料與欄號 311 重覆所以省略。

第六節　5 段欄號

國際機讀編目格式第 5 段欄號主要在描述題名相關資訊，若是以下欄號之各分欄資料與相關欄號中的資訊重覆則省略，否則依據下表記載於指定欄位中，並在次項目修飾詞（DC/RDF 的項目修飾詞）中，寫入表格中所指示的用語。表格中若有記載架構修飾詞（DC/RDF 的內容值修飾詞），亦須比照處理。

表 2-11.　UNIMARC Related Title Block Mapping Table.

UNIMARC			Dublin Core		
Field	Position	Indicator	Field	Qualifier	
				Scheme(**{field}Scheme)	Subelement(**{field} Type)
500 $a			Title		Uniform title

500 $a+$l			Title	Uniform title
500 $a+$u			Title	Uniform title
500 $b			Type	
500 $h			Description	Number of a part--uniform title
500 $i			Description	Name of a part-uniform title
500 $k			*	
500 $m			Language	
500 $n			Description	Miscellaneous information of Uniform title
500 $q			Description	Version of Uniform title
500 $r			Description	Medium of performance--uniform title
500 $s			Description	Numeric Designation - uniform title
500 $u			Description	Key of uniform title
500 $v			Description	Volume of uniform title

500 $w			Description		Arrangement of uniform title
500 $a + $x			Subject	{$2}	
500 $y			Coverage	{$2}	Place
500 $z			Coverage	{$2}	Period
500 $3			Description		Authority record number
501 $a			Title		Collective uniform title
501 $a+$e			Title		Collective uniform title
501 $a+$u			Title		Collective uniform title
501 $b			Type		
501 $k			*		
501 $m			Language		
501 $r			Description		Medium of performance--collective uniform title
501 $s			Description		Numeric Designation --collective uniform title
501 $u			Description		Key of collective uniform title

501 $w			Description		Arrangement of collective uniform title
501 $a + $x			Subject	{$2}	
501 $y			Coverage	{$2}	Place
501 $z			Coverage	{$2}	Period
501 $3			Description		Authority record number
503 $a			Subject		Uniform conventional heading
503 $a+$b			Subject		Uniform conventional heading
503 $a+ $h+$e+$ f			Description		Person of uniform conventional heading
503 $a+$k			Subject		Uniform conventional heading
503 $a+$l			Subject		Uniform conventional heading
503 $a+$n			Subject		Uniform conventional heading

503 $j+$d			Date		Uniform conventional heading
503 $i			Title		Uniform conventional heading
503 $m			Coverage		Place
510			*		
512 $a			Title		Cover title
512 $e			Title(or Description)		Subtitle(or Other title information)--Cover title
513 $a			Title		Added title-page tile
513 $e			Title(or Description)		Subtitle(or Other title information)--Added title-page tile
513 $h			Description		Number of a part-- Added title-page tile
513 $i			Description		Name of a part-- Added title-page tile
514 $a			Title		Caption title
514 $e			Title(or		Subtitle(or

			Description)		Other title information)--Caption title
515 $a			Title		Running title
516 $a			Title		Spine title
516 $e			Title(or Description)		Subtitle(or Other title information)--Spine title
517 $a			Title		Variant title
517 $e			Title(or Description)		Subtitle(or Other title information)--Variant title
518 $a			Title		Title in standard modern spelling
520			Relation		Continues
530 $a+$b			Title		Key title(series)
530 $j			Description		Volume or date of Former series Title
530 $v			Description		Volume Designation--Key title(series)

531 $a+$b			Title		Abbreviated title(series)
531 $v			Description		Volume Designation--Abbreviated title(series)
532 $a			Title		Expanded title
540 $a			Title		Additional title supplied by cataloguer
541 $a			Title		Translated title supplied by cataloguer
541 $e			Title(or Description)		subtitle(or Other title information)--Translated title supplied by cataloguer
541 $h			Description		Number of part--Translated title supplied by cataloguer
541 $i			Description		Name of part--Translated title supplied by cataloguer

545 $a			Title		Section title

* and ** mean the omission of fields and the names of qualifiers in DC/RDF, respectively.

表 2-12. 國際機讀編目格式第 5 段欄號的對照表

中國機讀編目格式			都柏林核心集		
欄位	位址	指標	欄位	修飾詞	
				架構(**{欄位}架構)	次項目(**{欄位}類別)
500 $a			題名(Title)		劃一題名
500 $a+$l			題名(Title)		劃一題名
500 $a+$u			題名(Title)		劃一題名
500 $b			資源類型 (Type)		
500 $h			簡述 (Description)		劃一題名編次
500 $i			簡述 (Description)		劃一題名編次名稱
500 $k			*		
500 $m			語言 (Language)		
500 $n			簡述 (Description)		
500 $q			簡述 (Description)		劃一題名版本

500 $r			簡述 (Description)		劃一題名演奏樂器
500 $s			簡述 (Description)		劃一題名作品號
500 $v			簡述 (Description)		劃一題名冊次號
500 $w			簡述 (Description)		劃一題名編曲
500 $a + $x			主題和關鍵詞(Subject)	{$2}	
500 $y			涵蓋時空 (Coverage)	{$2}	劃一題名地理名稱
500 $z			涵蓋時空 (Coverage)	{$2}	劃一題名時期名稱
500 $3			簡述 (Description)		權威記錄號碼
501 $a			題名(Title)		總集劃一題名
501 $a+$e			題名(Title)		總集劃一題名
501 $a+$u			題名(Title)		總集劃一題名
501 $b			資源類型 (Type)		
501 $k			*		
501 $m			語言 (Language)		
501 $r			簡述		總集劃一題

			(Description)		名演奏樂器
501 $s			簡述 (Description)		總集劃一題名作品號
501 $w			簡述 (Description)		總集劃一題名編曲
501 $a + $x			主題和關鍵詞(Subject)	{$2}	
501 $y			涵蓋時空 (Coverage)	{$2}	總集劃一題名地理名稱
501 $z			涵蓋時空 (Coverage)	{$2}	總集劃一題名時期名稱
501 $3			簡述 (Description)		權威記錄號碼
503 $a			主題和關鍵詞(Subject)		劃一習用標目
503 $a+$b			主題和關鍵詞(Subject)		劃一習用標目
503 $a+$k			主題和關鍵詞(Subject)		劃一習用標目
503 $a+$l			主題和關鍵詞(Subject)		劃一習用標目
503 $a +$h+$e+ $f			簡述 (Description)		劃一習用標目
503 $a+$n			主題和關鍵詞(Subject)		劃一習用標目
503 $j+$d			出版日期 (Date)		劃一習用標目

503 $i			題名(Title)		劃一習用標目
503 $m			涵蓋時空(Coverage)		劃一習用標目地理名稱
510			*		
512 $a			題名(Title)		封面題名
512 $e			題名(Title)或簡述(Description)		封面題名副題名或封面題名其他題名資訊
512 $e			題名(Title)		封面題名之副題名
513 $a			題名(Title)		附加書名頁題名
513 $e			題名(Title)或簡述(Description)		附加書名頁題名副題名或附加書名頁題名其他題名資訊
513 $h			簡述(Description)		附加書名頁題名編次
513 $i			簡述(Description)		附加書名頁題名編次名稱
514 $a			題名(Title)		卷端題名
514 $e			題名(Title)或簡述(Description)		卷端題名副題名或卷端題名其他題

					名資訊
515 $a			題名(Title)		逐頁題名
516 $a			題名(Title)		書背題名
516 $e			題名(Title)或簡述(Description)		書背題名副題名或書背題名其他題名資訊
517 $a			題名(Title)		其他題名
517 $e			題名(Title)或簡述(Description)		其他題名副題名或其他題名之題名資訊
518 $a			題名(Title)		現代拼法題名
520			關連(Relation)		繼續關係
530 $a+$b			題名(Title)		關鍵集叢名
530 $j			簡述(Description)		關鍵集叢名之集叢號
530 $v			簡述(Description)		關鍵集叢名之冊次號
531 $a+$b			題名(Title)		簡略集叢名
531 $v			簡述(Description)		簡略集叢名之冊次號
532 $a			題名(Title)		完整集叢名
540 $a			題名(Title)		編目員題名
541 $a			題名(Title)		編目員翻譯

					題名
541 $e			題名(Title)或簡述(Description)		編目員翻譯題名之副題名或其他題名資訊
541 $h			簡述(Description)		編目員翻譯題名編次
541 $i			簡述(Description)		編目員翻譯題名編次名稱
545 $a			題名(Title)		層級題名

＊ 與 ** 分別代表省略欄位和 DC/RDF 所使用的修飾詞名稱。

以下是針對上述表格的詳細說明和例子：

欄號 500 $a, $a+$l, $a+$u：劃一題名，記載於欄位題名中。分欄 $l 為形式副標題，分欄 $u 為音樂調性。同時記載其次項目修飾詞（DC/RDF 之項目修飾詞）為「劃一題名」。

例子：< meta name= "DC.Title.劃一題名" content = "古文觀止">。

例子：< meta name= "DC.Title.劃一題名" content = "Sketches, by Boz., Selections">。

例子：< meta name= "DC.Title.劃一題名" content = "Concertos, F major">。

欄號 500 $b：資料類型，若是資料與相關欄號中的重覆則省略，否則記載於欄位資源類型中。

欄號 500 $h：編次，若是資料與相關欄號中的重覆則省略，否則記載於欄位簡述中。同時記載其次項目修飾詞（DC/RDF 之項目修飾詞）為「劃一題名編次」。

欄號 500 $i：編次名稱，若是資料與相關欄號中的重覆則省略，否則記載於欄位簡述中。同時記載其次項目修飾詞（DC/RDF 之項目修飾詞）為「劃一題名編次名稱」。

欄號 500 $k：出版日期，資料與其他欄號重覆所以省略。

欄號 500 $m：作品語文，若是資料與相關欄號中的重覆則省略，否則記載於欄位語言中。

欄號 500 $n：其他說明，若是資料與相關欄號中的重覆則省略，否則記載於欄位簡述中。

欄號 500 $q：版本，若是資料與相關欄號中的重覆則省略，否則記載於欄位簡述中。同時記載其次項目修飾詞（DC/RDF 之項目修飾詞）為「劃一題名版本」。

欄號 500 $r：演奏樂器，若是資料與相關欄號中的重覆則省略，否則記載於欄位簡述中。同時記載其次項目修飾詞（DC/RDF 之項目修飾詞）為「劃一題名演奏樂器」。

欄號 500 $s：作品號，若是資料與相關欄號中的重覆則省略，否則記載於欄位簡述中。同時記載其次項目修飾詞（DC/RDF 之項目修飾詞）為「劃一題名作品號」。

欄號 500 $v：冊次號，若是資料與相關欄號中的重覆則省略，否則記載於欄位簡述中。同時記載其次項目修飾詞（DC/RDF 之項目修飾詞）為「劃一題名冊次號」。

欄號 500 $w：編曲，若是資料與相關欄號中的重覆則省略，否則記載於欄位簡述中。同時記載其次項目修飾詞（DC/RDF 之項目修飾詞）為「劃一題名編曲」。

欄號 500 $3：權威記錄號碼，記載於欄位簡述中。同時記載其次項目修飾詞（DC/RDF 之項目修飾詞）為「權威記錄號碼」。

欄號 500 $a+$x：劃一題名主題複分，記載於欄位主題和關鍵詞中。同時若分欄 $2 存在，將其記載於架構修飾詞（DC/RDF 的內容值修飾詞）。

例子：< meta name= "DC.Subject" scheme="lc" content = "Constitution--Addresses, essays, lectures">。

欄號 500 $y：劃一題名地理複分，記載於欄位涵蓋時空中。同時記載其次項目修飾詞（DC/RDF 之項目修飾詞）為「劃一題名地理名稱」。

欄號 500 $z：劃一題名時期複分，記載於欄位涵蓋時空中。同時記載其次項目修飾詞（DC/RDF 之項目修飾詞）為「劃一題名時期名稱」。

欄號 501 $a, $a+$e, $a+$u：總集劃一題名，記載於欄位題名中。分欄 $e 為形式副題名，分欄 $u 為音樂調性。同時記載其次項目修飾詞（DC/RDF 之項目修飾詞）為「總集劃一題名」。

欄號 501 $b：資料類型，若是資料與相關欄號中的重覆則省略，否則記載於欄位資源類型中。

欄號 501 $k：出版日期，資料與其他欄號重覆所以省略。

欄號 501 $m：作品語文，若是資料與相關欄號中的重覆則省略，否則記載於欄位語言中。

欄號 501 $r：演奏樂器，若是資料與相關欄號中的重覆則省略，否則記載於欄位簡述中。同時記載其次項目修飾詞（DC/RDF 之項目修飾詞）為「總集劃一題名演奏樂器」。

欄號 501 $s：作品號，若是資料與相關欄號中的重覆則省略，否則記載於欄位簡述中。同時記載其次項目修飾詞（DC/RDF 之項目修飾詞）爲「總集劃一題名作品號」。

欄號 501 $w：編曲，若是資料與相關欄號中的重覆則省略，否則記載於欄位簡述中。同時記載其次項目修飾詞（DC/RDF 之項目修飾詞）爲「總集劃一題名編曲」。

欄號 501 $3：權威記錄號碼，記載於欄位簡述中。同時記載其次項目修飾詞（DC/RDF 之項目修飾詞）爲「權威記錄號碼」。

欄號 501 $a+$x：劃一題名主題複分，記載於欄位主題和關鍵詞中。同時若分欄 $2 存在，將其記載於架構修飾詞（DC/RDF 的內容值修飾詞）。

欄號 501 $y：劃一題名地理複分，記載於欄位涵蓋時空中。同時記載其次項目修飾詞（DC/RDF 之項目修飾詞）爲「總集劃一題名地理名稱」。

欄號 501 $z：劃一題名時期複分，記載於欄位涵蓋時空中。同時記載其次項目修飾詞（DC/RDF 之項目修飾詞）爲「總集劃一題名時期名稱」。

欄號 503 $a, $a+$b, $a+$h+$e+$f, $a+$k, $a+$l, $a+$n：劃一習用標目，記載於欄位主題和關鍵詞中。分欄 $b 爲副標目。同時記載其次項目修飾詞（DC/RDF 之項目修飾詞）爲「劃一習用標目」。

欄號 503 $j+$d：劃一習用標目，若是資料與相關欄號中的重覆則省略，否則記載於欄位出版日期中。同時記載其次項目修飾詞（DC/RDF 之項目修飾詞）爲「劃一習用標目」。

欄號 503 $i：劃一習用標目，記載於欄位題名中。同時記載其次項目修飾詞（DC/RDF 之項目修飾詞）為「劃一習用標目」。

欄號 503 $m：劃一習用標目地理名稱，記載於欄位涵蓋時空中。同時記載其次項目修飾詞（DC/RDF 之項目修飾詞）為「劃一習用標目地理名稱」。

欄號 503：劃一習用標目，資料與其他欄號重覆所以省略。

欄號 510：並列題名，欄號 510 $a 與 200 $d 重覆，所以省略。

欄號 512 $a：封面題名，記載於欄位題名中。同時記載其次項目修飾詞（DC/RDF 之項目修飾詞）為「封面題名」。

欄號 512 $e：若是封面題名之副題名，記載於欄位題名中，同時記載其次項目修飾詞(DC/RDF 之項目修飾詞)為 "封面題名副題名"。否則記載於欄位簡述中，同時記載其次項目修飾詞（DC/RDF 之項目修飾詞）為「封面題名其他題名資訊」。

欄號 513 $a：附加書名頁題名，記載於欄位題名中。同時記載其次項目修飾詞（DC/RDF 之項目修飾詞）為「附加書名頁題名」。

欄號 513 $e：若是附加書名頁題名之副題名，記載於欄位題名中，同時記載其次項目修飾詞（DC/RDF 之項目修飾詞）為 "附加書名頁題名副題名"。否則記載於欄位簡述中，同時記載其次項目修飾詞（DC/RDF 之項目修飾詞）為「附加書名頁題名其他題名資訊」。

欄號 513 $h：編次，若是資料與相關欄號中的重覆則省略，否則記載於欄位簡述中。同時記載其次項目修飾詞（DC/RDF 之項目修飾詞）為「附加書名頁題名編次」。

欄號 513 $i：編次名稱，若是資料與相關欄號中的重覆則省略，否則記載於欄位簡述中。同時記載其次項目修飾詞（DC/RDF 之項目修飾詞）爲「附加書名頁題名編次名稱」。

欄號 514：卷端題名，參照欄號 512 方式處理。

欄號 515 $a：逐頁題名，記載於欄位題名中。同時記載其次項目修飾詞（DC/RDF 之項目修飾詞）爲「逐頁題名」。

欄號 516：書背題名，參照欄號 512 方式處理。

欄號 517：其他題名，參照欄號 512 方式處理。

欄號 518 $a：現代拼法題名，記載於欄位題名中。同時記載其次項目修飾詞（DC/RDF 之項目修飾詞）爲「現代拼法題名」。

欄號 520：繼續關係。若與欄號 430 等相關欄號中的重覆則省略。假如被連結的記錄（舊集叢）不存在，則將此欄號資料獨立成另外一個記錄，否則利用欄位關連來連結兩者，同時記載其次項目修飾詞（DC/RDF 之項目修飾詞）爲「繼續關係」。內容記載以 ISSN 爲主，其次爲題名，以利資料查尋。

欄號 530 $a+$b：關鍵集叢名，記載於欄位題名中。同時記載其次項目修飾詞（DC/RDF 之項目修飾詞）爲「關鍵集叢名」。

欄號 530 $j：關鍵集叢名之集叢號，若是資料與相關欄號中的重覆則省略，否則記載於欄位簡述中。同時記載其次項目修飾詞（DC/RDF 之項目修飾詞）爲「關鍵集叢名之集叢號」。

欄號 530 $v：關鍵集叢名之冊次號，若是資料與相關欄號中的重覆則省略，否則記載於欄位簡述中。同時記載其次項目修飾詞（DC/RDF 之項目修飾詞）爲「關鍵集叢名之冊次號」。

欄號 531 $a+$b：簡略集叢名，記載於欄位題名中。同時記載其次項目修飾詞（DC/RDF 之項目修飾詞）爲「簡略集叢名」。

欄號 531 $v：簡略集叢名之冊次號，若是資料與相關欄號中的重覆則省略，否則記載於欄位簡述中。同時記載其次項目修飾詞（DC/RDF 之項目修飾詞）為「簡略集叢名之冊次號」。

欄號 532 $a：完整集叢名，記載於欄位題名中。分欄$z 若存在，記載於語言修飾詞中，同時其次項目修飾詞（DC/RDF 之項目修飾詞）為「完整集叢名」。

欄號 540 $a：編目員題名，記載於欄位題名中。同時記載其次項目修飾詞（DC/RDF 之項目修飾詞）為「編目員題名」。

欄號 541 $a：編目員翻譯題名，記載於欄位題名中。分欄$z 若存在，記載於語言修飾詞中，同時記載其次項目修飾詞（DC/RDF 之項目修飾詞）為「編目員翻譯題名」。

欄號 541 $e：若是編目員翻譯題名之副題名，記載於欄位題名中，同時記載其次項目修飾詞（DC/RDF 之項目修飾詞）為「編目員翻譯題名副題名」。否則記載於欄位簡述中，同時記載其次項目修飾詞（DC/RDF 之項目修飾詞）為「編目員翻譯題名其他題名資訊」。

欄號 541 $h：編目員翻譯題名編次，若是資料與相關欄號中的重覆則省略，否則記載於欄位簡述中。同時記載其次項目修飾詞（DC/RDF 之項目修飾詞）為「編目員翻譯題名編次」。

欄號 541 $i：編目員翻譯題名編次名稱，若是資料與相關欄號中的重覆則省略，否則記載於欄位簡述中。同時記載其次項目修飾詞（DC/RDF 之項目修飾詞）為「編目員翻譯題名編次名稱」。

欄號 545 $a：層級題名，記載於欄位題名中。同時記載其次項目修飾詞（DC/RDF 之項目修飾詞）為「層級題名」。

第六節　6 段欄號

國際機讀編目格式第 6 段欄號主要是主題分析相關資訊，若是以下欄號之各分欄資料與相關欄號中的資訊重覆則省略，否則依據下表記載於指定欄位中，並在次項目修飾詞（DC/RDF 的項目修飾詞）中，寫入表格中所指示的用語。表格中若有記載架構修飾詞（DC/RDF 的內容值修飾詞），亦須比照處理。

表 2-13.　UNIMAR Subject Analysis Block Mapping Table.

UNIMARC			Dublin Core		
Field	Position	Indicator	Field	Qualifier	
				Scheme(**{field}Scheme)	Subelement(**{field} Type)
600 $a+$b+$c+$d+$f+$x+$y+$z			Subject	{$2}	Subject heading--Personal Name
600 $3			Description		Authority record number
601 $a+$b+$c+$d+$e+$f+$g+$h+$x+$y+$z			Subject	{$2}	Subject heading--Corporate body Name

601 $3			Description		Authority record number
602 $a +$f+ $x+ $y+$z			Subject	{$2}	Subject heading-- Family Name
602 $3			Description		Authority record number
604			Relation		Name/Title
605			*		
606 $a+$x+$ y+ $z			Subject	{$2}	
606 $3			Description		Authority record number
607 $a			Coverage	{$2}	
607 $a+$x			Subject	{$2}	
607 $y			Coverage	{$2}	Place
607 $z			Coverage	{$2}	Period
607 $3			Description		Authority record number
608 $a+$x+$ y+ $z			Subject	{$2}	
608 $3			Description		Authority record number
608 $5			Description		Owner

610 $a			Subject		
615 $a+$m+$n+$x			Subject	{$2}	
615 $3			Description		Authority record number
620 $			*		
626 $a+$b+$c			Format		
660 $a			Coverage		Place
661 $a			Coverage		Peroid
670 $b+$c+$e			Description		PRECIS
675 $a			Subject	UDC	
675 $v+$z			Description		Edition of UDC
676 $a			Subject	DDC	
676 $v+$z			Description		Edition of DDC
680 $a+$b			Subject	LCC	
686 $a+$b+$c			Subject	{$2}	

* and ** mean the omission of fields and the names of qualifiers in DC/RDF, respectively.

表 2-14.　國際機讀編目格式第 6 段欄號的對照表

國際機讀編目格式			都柏林核心集		
欄位	位址	指標	欄位	修飾詞	
				架構(**{欄位}架構)	次項目(**{欄位}類別)
600 $a+$b+$c+$d+$f+$x+$y+$z			主題和關鍵詞(Subject)	{$2}	人名標目
600 $3			簡述(Description)		權威記錄號碼
601 $a+$b+$c+$d+$e+$f+$g+$h+$x+$y+$z			主題和關鍵詞(Subject)	{$2}	團體名稱標目
601 $3			簡述(Description)		權威記錄號碼
602 $a+$f+$x+ $y+$z			主題和關鍵詞(Subject)	{$2}	家族名稱標目
602 $3			簡述(Description)		權威記錄號碼
604			關連(Relation)		人名/題名
605			*		

606 $a +$x+$y+ $z			主題和關鍵詞(Subject)	{$2}	
606 $3			簡述 (Description)		權威記錄號碼
607 $a			涵蓋時空 (Coverage)	{$2}	地理名稱
607 $a +$x			主題和關鍵詞(Subject)	{$2}	
607 $y			涵蓋時空 (Coverage)	{$2}	地理名稱
607 $z			涵蓋時空 (Coverage)	{$2}	時期名稱
607 $3			簡述 (Description)		權威記錄號碼
608 $a +$x+$y+ $z			主題和關鍵詞(Subject)	{$2}	
608 $3			簡述 (Description)		權威記錄號碼
608 $5			簡述 (Description)		擁有機構
610 $a			主題和關鍵詞(Subject)		
615 $a+$m+ $n+$x			主題和關鍵詞(Subject)	{$2}	
615 $3			簡述		權威記錄號

			(Description)		碼
620			*		
626 $a+$b+ $c			資料格式 (Format)		
660 $a			涵蓋時空 (Coverage)		地理名稱
661 $a			涵蓋時空 (Coverage)		時期名稱
670 $b+ $c+$e			簡述 (Description)		PRECIS
675 $a			主題和關鍵詞(Subject)	UDC	
675 $v+ $z			簡述 (Description)		國際十進分類號(UDC)版本
676 $a			主題和關鍵詞(Subject)	DDC	
676 $v+ $z			簡述 (Description)		杜威十進分類號(DDC)版本
680 $a+$b			主題和關鍵詞(Subject)	LCC	
686 $a+$b+ $c			主題和關鍵詞(Subject)	{$2}	

* 與 ** 分別代表省略欄位和 DC/RDF 所使用的修飾詞名稱。

以下是針對上述表格的詳細說明和例子：

欄號 600 $a+$b+$c+$d+$f+$x+$y+$z：人名標目，若是資料與相關欄號中的重覆則省略，否則記載於欄位主題和關鍵詞中。若分欄 $2 存在，將其記載於架構修飾詞（DC/RDF 的內容值修飾詞）。同時記載其次項目修飾詞（DC/RDF 之項目修飾詞）為「人名標目」。

例子：< meta name= "DC.Subject.人名標目" scheme="csh" content = "（唐）杜甫">。

欄號 600 $3：權威記錄號碼，記載於欄位簡述中。同時記載其次項目修飾詞（DC/RDF 之項目修飾詞）為「權威記錄號碼」。

欄號 601 $a+$b+$c+$d+$e+$f+$s：團體名稱標目，若是資料與相關欄號中的重覆則省略，否則記載於欄位主題和關鍵詞中。若分欄 $2 存在，將其記載於架構修飾詞（DC/RDF 的內容值修飾詞）。同時記載其次項目修飾詞（DC/RDF 之項目修飾詞）為「團體名稱標目」。

例子：< meta name= "DC.Subject.團體名稱標目" scheme="csh" content = "臺灣省教育廳">。

欄號 601 $3：權威記錄號碼，記載於欄位簡述中。同時記載其次項目修飾詞（DC/RDF 之項目修飾詞）為「權威記錄號碼」。

欄號 602 $a+$f+$x+$y+$z：家族名稱標目，若是資料與相關欄號中的重覆則省略，否則記載於欄位主題和關鍵詞中。若分欄 $2 存在，將其記載於架構修飾詞（DC/RDF 的內容值修飾詞）。同時記載其次項目修飾詞（DC/RDF 之項目修飾詞）為「家族名稱標目」。

欄號 602 $3：權威記錄號碼，記載於欄位簡述中。同時記載其次項目修飾詞（DC/RDF 之項目修飾詞）爲「權威記錄號碼」。

欄號 604：人名/題名。若與相關欄號中的重覆則省略。假如被連結的記錄（舊集叢）不存在，則將此欄號資料獨立成另外一個記錄，否則利用欄位關連來連結兩者。先搜尋欄號內嵌之欄號 500$a、700$a、710$a 等的值，置放於都柏林核心集的欄位關連，並在次項目修飾詞（DC/RDF 的項目修飾詞）中寫入「人名/題名」。

欄號 605：題名標目，若資料與欄號 500 重覆則省略，否則參照欄號 500 方式轉換。

欄號 606：主題標目，若各分欄資料與其他相關欄號重覆則省略，否則記載於欄位主題和關鍵詞中。

例子：< meta name= "DC.Subject" scheme="csh" content = "圖書館行政">。

欄號 606 $3：權威記錄號碼，記載於欄位簡述中。同時記載其次項目修飾詞（DC/RDF 之項目修飾詞）爲「權威記錄號碼」。

欄號 607：地名標目，若是資料與相關欄號中的重覆則省略，否則記載於欄位涵蓋時空中。若分欄 $2 存在，將其記載於架構修飾詞（DC/RDF 的內容值修飾詞）。

例子一：< meta name= "DC.Subject" scheme="lc" content = "Great Britain--Politics and government">。

例子二：< meta name= "DC.Coverage.地理名稱" scheme="csh" content = "東方">。

例子三：< meta name= "DC.Coverage.時期名稱" scheme="csh" content = "晚清">。

欄號 607 $3：權威記錄號碼，記載於欄位簡述中。同時記載其次項目修飾詞（DC/RDF 之項目修飾詞）爲「權威記錄號碼」。

欄號 608 $a+$x+$y+$z：形式及種類標目，若是資料與相關欄號中的重覆則省略，否則記載於欄位主題和關鍵詞中。若分欄 $2 存在，將其記載於架構修飾詞（DC/RDF 的內容值修飾詞）。

欄號 608 $3：權威記錄號碼，記載於欄位簡述中。同時記載其次項目修飾詞（DC/RDF 之項目修飾詞）爲「權威記錄號碼」。

欄號 608 $5：擁有機構，記載於欄位簡述中。同時記載其次項目修飾詞（DC/RDF 之項目修飾詞）爲「擁有機構」。

欄號 610 $a：非控制主題詞彙，若是資料與相關欄號中的重覆則省略，否則記載於欄位主題和關鍵詞中。

欄號 615 $a+$m+$n+$x：臨時主題標目，若是資料與相關欄號中的重覆則省略，否則記載於欄位主題和關鍵詞中。若分欄 $2 存在，將其記載於架構修飾詞（DC/RDF 的內容值修飾詞）。

欄號 615 $3：權威記錄號碼，記載於欄位簡述中。同時記載其次項目修飾詞（DC/RDF 之項目修飾詞）爲「權威記錄號碼」。

欄號 620：出版地，若資料與欄號 210 重覆。

欄號 626 $a+$b+$c：電腦檔案技術細節，若是資料與相關欄號中的重覆則省略，否則記載於欄位資料格式中。

欄號 660：地區代碼，若資料與其他相關欄號重覆則省略，否則記載於欄位涵蓋時空中，同時記載其次項目修飾詞（DC/RDF 之項目修飾詞）爲「地理名稱」。

欄號 661：年代代碼，若資料與其他相關欄號重覆則省略，否則記載於欄位涵蓋時空中，同時記載其次項目修飾詞（DC/RDF 之項目修飾詞）爲「時期名稱」。

欄號 670：前後關係索引法，記載於欄位簡述中。若分欄 $z 存在，將其記載於語言修飾詞；同時記載其次項目修飾詞（DC/RDF 之項目修飾詞）爲「PRECIS」。

欄號 675 $a：國際十進分類號，記載於欄位主題和關鍵詞中。

例子：< meta name= "DC.Subject" scheme="UDC" content = "539.1+621.039">。

欄號 675 $v+$z：國際十進分類號版本，記載於欄位簡述中，同時記載其次項目修飾詞（DC/RDF 之項目修飾詞）爲「國際十進分類號版本」。

例子：< meta name= "DC.Subject.國際十進分類號版本" content = "英文第 4 版">。

欄號 676 $a：杜威十進分類號，記載於欄位主題和關鍵詞中。

例子：< meta name= "DC.Subject" scheme="DDC" content = "025.313">。

欄號 676 $v+$z：杜威十進分類號版本，記載於欄位簡述中，同時記載其次項目修飾詞（DC/RDF 之項目修飾詞）爲「國際十進分類號版本」。

例子：< meta name= "DC.Subject.杜威十進分類號版本" content = "英文第 19 版">。

欄號 680 $a+$b：美國國會圖書館分類號，記載於欄位主題和關鍵詞中。

例子：< meta name= "DC.Subject" scheme="LCC" content = "Z686.D515 1979">。

欄號 686 $a+$b+$c：其他分類號，記載於欄位主題和關鍵詞中。若分欄 $2 存在，將其記載於架構修飾詞（DC/RDF 的內容值修飾詞）。

例子：< meta name= "DC.Subject" scheme="USUN1" content = "281.9 C81A">。

第七節　7 段欄號

國際機讀編目格式第 7 段欄號主要是著作者相關資訊，若是以下欄號之各分欄資料與相關欄號中的資訊重覆則省略，否則依據下表記載於指定欄位中，並在次項目修飾詞（DC/RDF 的項目修飾詞）中，寫入表格中所指示的用語。表格中若有記載架構修飾詞（DC/RDF 的內容值修飾詞），亦須比照處理。各欄號內有 $4 者，參考附錄 C，將代碼轉換成文字後，用以設定次項目修飾詞（DC/RDF 的項目修飾詞）。

表 2-15.　UNIMARC Intellectual Responsibility Block Mapping Table.

UNIMARC			Dublin Core		
Field	Position	Indicator	Field	Qualifier	
				Scheme(**{field}Scheme)	Subelement(**{field} Type)
700 $a+$b+$c+$d+$			Creator		{$4}

f+$p					
700 $a+$g+ $c+$d+$ f+$p			Creator		{$4}
700 $3			Description		Authority record number
701 $a+$b+ $c+$d+$ f+$p			Creator(or Contributor)		{$4}
701 $a+$g+ $c+$d+$ f+$p			Creator(or Contributor)		{$4}
701 $3			Description		Authority record number
702 $a+$b+ $c+$d+$ f+$p			Contributor		{$4}
702 $a+$g+ $c+$d+$ f+$p			Contributor		{$4}
702 $3			Description		Authority record number
702 $5			*		

710 $a+$b+ $c+$d+$ e+$f+$g +$h+$p			Creator		{$4}
710 $3			Description		Authority record number
711 $a+$b+ $c+$d+$ e+$f+$g +$h+$p			Creator(or Contributor)		{$4}
711 $3			Description		Authority record number
712 $a+$b+ $c+$d+$ e+$f+$g +$h+$p			Contributor		{$4}
712 $3			Description		Authority record number
712 $5			*		
720 $a +$f			Creator		{$4}
720 $3			Description		Authority record number
721 $a +$f			Creator(or Contributor)		{$4}

721 $3			Description		Authority record number
722 $a +$f			Contributor		{$4}
722 $3			Description		Authority record number

* and ** mean the omission of fields and the names of qualifiers in DC/RDF, respectively.

表 2-16.　國際機讀編目格式第 7 段欄號的對照表

國際機讀編目格式			都柏林核心集		
欄位	位址	指標	欄位	修飾詞	
				架構(**{欄位}架構)	次項目(**{欄位}類別)
700 $a+$b+ $c+$d+$ f+$p			著者(Creator)		{$4}
700 $a+$g+ $c+$d+$ f+$p			著者(Creator)		{$4}
700 $3			簡述 (Description)		權威記錄號碼
701 $a+$b+ $c+$d+$			著者(Creator) 或其他參與者		{$4}

f+$p			(Contributor)		
701 $a+$g+ $c+$d+$ f+$p			著者(Creator) 或其他參與者 (Contributor)		{$4}
701 $3			簡述 (Description)		權威記錄號碼
702 $a+$b+ $c+$d+$ f+$p			其他參與者 (Contributor)		{$4}
702 $a+$g+ $c+$d+$ f+$p			其他參與者 (Contributor)		{$4}
702 $3			簡述 (Description)		權威記錄號碼
702 $5			*		
710 $a+$b+ $c+$d+$ e+$f+$g +$h+$p			著者(Creator)		{$4}
710 $3			簡述 (Description)		權威記錄號碼
711 $a+$b+ $c+$d+$			著者(Creator) 或其他參與者		{$4}

e+$f+$g +$h+$p			(Contributor)		
711 $3			簡述 (Description)		權威記錄號碼
712 $a+$b+ $c+$d+$ e+$f+$g +$h+$p			其他參與者 (Contributor)		{$4}
712 $3			簡述 (Description)		權威記錄號碼
712 $5			*		
720 $a +$f			著者(Creator)		{$4}
720 $3			簡述 (Description)		權威記錄號碼
721 $a+$f			著者(Creator) 或其他參與者 (Contributor)		{$4}
721 $3			簡述 (Description)		權威記錄號碼
722 $a+$f			其他參與者 (Contributor)		{$4}
722 $3			簡述 (Description)		權威記錄號碼

* 與 ** 分別代表省略欄位和 DC/RDF 所使用的修飾詞名稱。

以下是針對上述表格的詳細說明和例子：

欄號 700：人名 -- 主要著者，若是資料與相關欄號中的重覆則省略，否則記載於欄位著者中。若分欄 $4 存在，記載於次項目修飾詞（DC/RDF 之項目修飾詞）。

欄號 700 $3：權威記錄號碼，記載於欄位簡述中。同時記載其次項目修飾詞（DC/RDF 之項目修飾詞）為「權威記錄號碼」。

欄號 701：人名 -- 其他著者或參與者，若是資料與相關欄號中的重覆則省略，否則記載於欄位著者（作者註：都柏林核心集並不刻意區分主要著者與其他著者）或其他參與者中。若分欄 $4 存在，記載於次項目修飾詞（DC/RDF 之項目修飾詞）。

欄號 701 $3：權威記錄號碼，記載於欄位簡述中。同時記載其次項目修飾詞（DC/RDF 之項目修飾詞）為「權威記錄號碼」。

欄號 702：人名 -- 其他參與者，若是資料與相關欄號中的重覆則省略，否則記載於欄位其他參與者中。若分欄 $4 存在，記載於次項目修飾詞（DC/RDF 之項目修飾詞）。

欄號 702 $3：權威記錄號碼，記載於欄位簡述中。同時記載其次項目修飾詞（DC/RDF 之項目修飾詞）為「權威記錄號碼」。

欄號 710：團體名稱 -- 主要著者，若各分欄資料與其他相關欄號重覆則省略，否則依照欄號 700 方式處理。

欄號 711：團體名稱 -- 其他著者或參與者，若各分欄資料與其他相關欄號重覆則省略，否則依照欄號 701 方式處理。

欄號 712：團體名稱 -- 其他參與者，若是資料與相關欄號中的重覆則省略，否則依照欄號 702 方式處理。

欄號 720：家族名稱 -- 主要著者，若各分欄資料與其他相關欄號重覆則省略，否則依照欄號 700 方式處理。

欄號 721：家族名稱 -- 其他著者或參與者，若各分欄資料與其他相關欄號重覆則省略，否則依照欄號 701 方式處理。

欄號 722：家族名稱 -- 其他參與者，若是資料與相關欄號中的重覆則省略，否則依照欄號 702 方式處理。

第八節　8 段欄號

表 2-17.　UNIMARC International Use Block Mapping Table.

UNIMARC			Dublin Core		
Field	Position	Indicator	Field	Qualifier	
				Scheme(**{field}Scheme)	Subelement(**{field} Type)
801		2-0	Description		Original Cataloging Agency
801		2-1	Description		Transcribing Agency
801		2-2	Description		Modifying Agency
801		2-3	Description		Issuing Agency
802 $a			*		
830 $a			Description		General cataloguer's note

* and ** mean the omission of fields and the names of qualifiers in

表 2-18. 國際機讀編目格式第 8 段欄號的對照表

國際機讀編目格式			都柏林核心集		
欄位	位址	指標	欄位	修飾詞	
				架構(**{欄位}架構)	次項目(**{欄位}類別)
801 $a+$b		2-0	簡述 (Description)		原始編目單位
801 $c		2-0	簡述 (Description)		原始編目單位處理日期
801 $g		2-0	簡述 (Description)		原始編目單位編目規則代碼
801 $a+$b		2-1	簡述 (Description)		輸入電子計算機單位
801 $c		2-1	簡述 (Description)		輸入電子計算機單位處理日期
801 $g		2-1	簡述 (Description)		輸入電子計算機單位編目規則代碼
801 $a+$b		2-2	簡述 (Description)		修改記錄單位
801 $c		2-2	簡述 (Description)		修改記錄單位處理日期
801 $g		2-2	簡述 (Description)		修改記錄單位編目規則代碼
801		2-3	簡述		發行記錄單

$a+$b			(Description)		位
801 $c		2-3	簡述 (Description)		發行記錄單位處理日期
801 $g		2-3	簡述 (Description)		發行記錄單位編目規則代碼
802			*		
830			簡述 (Description)		編目附註

* 與 ** 分別代表省略欄位和 DC/RDF 所使用的修飾詞名稱。

以下是針對上述表格的詳細說明和例子：

欄號 801：出處欄，此欄資料與目錄處理有關，與文件或資源本身無關，因此可以省略。若不省略則記載於欄位簡述，並且參考上面的表格以次項目修飾詞來區分說明。

欄號 802：國際叢刊資料系統中心，此欄與文件或資源本身無關，因此可以省略。

欄號 830：編目附註，記載於欄位簡述。

第三章　中國機讀權威記錄格式轉換到都柏林核心集

作者根據國家圖書館出版的「中國機讀權威記錄格式」（民 83）一書❶，沿用作者在「機讀編目格式在都柏林核心集的應用探討」一書中的格式轉換基本原則和方法❷，製作了以下的中國機讀權威記錄格式對映（轉換）到都柏林核心集的摘要表格。下面是轉換對照表的製作方法和符號使用的簡要說明：

㈠中國機讀權威記錄格式的基本對映單位是欄號與其下的分欄，例如 100 $a。

㈡由於中國機讀權威記錄格式在基本的對映單位——分欄中，有時又包含數個不同的項目，因此對照表依據中國機讀權威記錄格式的用法，在表格中有「位址」一欄，其意義和用法遵循中國機讀權威記錄格式的規定。

㈢中國機讀權威記錄格式的基本欄號下，常常有所謂的「指標」，

---

❶ 中國機讀權威記錄格式修訂小組，中國機讀權威記錄格式，（臺北市：國家圖書館，民國 83 年）。

❷ 吳政叡，機讀編目格式在都柏林核心集的應用探討，（臺北市：學生，民國 87 年 12 月），頁 73-75。

有些欄號有一個以上的指標，但是大部份的指標並不影響到轉換對照的結果，爲了節省篇幅，轉換對照表中將指標的編號和內容結合起來，例如 1-3 表示指標 1 的值爲 3。

㈣在表格中的都柏林核心集方面，列出了基本欄位和修飾詞，但是省略了語言修飾詞。因爲在著錄時，同一資源的語言修飾詞基本上是相同的。

㈤雖然都柏林核心集允許自訂欄位的存在，但是爲了顧及資料流通和交換的需要，轉換對照的原則是使用基本的 15 個欄位，然後利用修飾詞來容納新的需求。爲了盡量容納機讀權威記錄格式的資料，某些都柏林核心集的欄位如簡述（Description），是以較有彈性的方式來使用。

㈥由於表格甚長，爲了解釋和閱讀上的便利，遵循中國機讀權威記錄格式的體例，以欄號的百位數來分節（段）。

㈦中國機讀權威記錄格式的某些欄號內容是相同的，但是都柏林核心集基本上是不鼓勵重覆，因此有些中國機讀權威記錄格式的欄號將被省略而不做對照。

㈧爲求讀者對照閱讀的便利，以下解釋的例子，將盡量直接使用中國機讀權威記錄格式中相關欄號的例子。

㈨因爲有些情況須直接使用分欄的值於表格中，此時以{ }表示，例如{$a}是將分欄 a 的值直接使用在表格中。

㈩都柏林核心集中是用來描述資料，因此國際機讀編目格式欄號若是僅與機讀編目格式的（電腦）記錄有關，則予以省略，例如欄號 001 的系統控制號。

⑪如同前面章節所述，DC/HTML 與 DC/RDF 在名稱、實作機制、

呈現格式等方面皆不同。由於 DC/HTML 是發展已成熟，而 DC/RDF 尚處於發展初期，因此以下的討論和例子將以 DC/HTML 爲主。不過，DC/HTML 之架構修飾詞（Scheme Qualifier）約略與 DC/RDF 的內容值修飾詞（Value Qualifier）相對映；DC/HTML 之次項目修飾詞（Subelement Qualifier）則約略與 DC/RDF 的項目修飾詞（Element Qualifier）相對映。

(十二)由於 DC/RDF 的實作機制較爲複雜，是「集合－次集合－元素」的形式，其中集合可以 Value Qualifier 或 Element Qualifier 來替換，次集合爲 identifierScheme 或 identifierType 等，元素則由相關的內容值（例如 ISBN）來取代。同時根據資料模型工作小組最新的草案（1999 年 7 月 1 日），所有 15 個基本欄位的 Value Qualifier 或 Element Qualifier，都分別祇有內容值（次集合名稱）——{欄位名稱}Scheme 與{欄位名稱}Type，以欄位 Title 爲例，即是 titleScheme 和 titleType。爲節省篇幅，以下所有的表格標題欄，即以{欄位名稱}Scheme 與{欄位名稱}Type 方式來表達。

(十三)都柏林核心集中，若是欄位的內容已經能清楚的顯示其意義，則以不使用次項目修飾詞（或 DC/RDF 之項目修飾詞）爲原則。

(十四)爲了使資料在國際上的流通和交換暢通無阻，雖然是中國機讀權威記錄格式的對照和轉換，作者仍然建議在現階段以英文來顯示都柏林核心集的 15 個基本欄位名稱，但是修飾物則以中文爲主。理由是 15 個基本欄位的英文名稱應不會對讀者造成太大的負擔，但是修飾物則是千變萬化，因此中文資料仍應使用中文名稱，除非是大家耳熟能詳的名詞。再者，元資料（如都柏林核心集）通常是隱藏在幕後，或者是資料庫內，顯現給讀者時，基本欄位和次項目修飾物會先行分離，此時系統製作者可以自行決定是否要將基本欄位的英文名稱轉換成中文。

第一節　0-1 段欄號

表 3-1.　中國機讀權威記錄格式第 0-1 段欄號的對照表

中國機讀權威記錄格式			都柏林核心集		
欄位	位址	指標	欄位	修飾詞	
				架構(**{欄位}架構)	次項目(**{欄位}類別)
015 $a			資源識別代號(Identifier)	國際標準權威記錄號碼(ISADN)	
050 $a			資源識別代號(Identifier)	國立中央圖書館權威記錄系統識別號	
099 $a			資源識別代號(Identifier)	國家書目中心資料庫權威記錄系統識別號	
100 $a	8		簡述(Description)		權威標目情況
150 $a			簡述(Description)		政府機構類型

152 $a			簡述 (Description)		編目規則
154 $a			簡述 (Description)		劃一題名類型
160 $a			涵蓋時空 (Coverage)		地理名稱

**代表 DC/RDF 所使用的修飾詞名稱。

以下是針對上述表格的詳細說明和例子：

欄號 001：可省略，因為這是機讀權威記錄的電腦系統編號，與文件或資源本身無關。

欄號 005：可省略，因為這是機讀權威記錄的最後異動時間。

欄號 009：可省略，理由同於欄號 001。

欄號 015 $a：國際標準權威記錄號碼（ISADN），可用來唯一識別個別的文件或資源。

欄號 050 $a：國立中央圖書館權威記錄系統識別號，可用來唯一識別個別的文件或資源。

欄號 099 $a：國家書目中心資料庫權威記錄系統識別號，可用來唯一識別個別的文件或資源。

欄號 100 $a 位址 0-7：可省略，因為這是機讀權威記錄格式記錄的輸入日期，與文件或資源本身無關。

欄號 100 $a 位址 8：權威標目情況，須先將代碼轉換成文字敘述。

例子：< meta name= "DC.Description.權威標目情況" content = "暫用">。

欄號 100 $a 位址 9-11：編目語言，若是欄號 100 $a 位址 13-20 已有註明，則可省略，否則據以設定都柏林核心集的語言修飾詞。

欄號 100 $a 位址 12：可省略，若有註明，在相關的音譯欄位，將都柏林核心集的架構修飾詞加以設定。

欄號 100 $a 位址 13-20：字集和附加字集，若有註明，將都柏林核心集的語言修飾詞加以設定。

欄號 100 $a 位址 21-22：編目文字，若是欄號 100 $a 位址 13-20 或者位址 9-11 已有註明，則可省略，否則據以設定都柏林核心集的語言修飾詞。

欄號 150 $a：政府機構類型，置入都柏林核心集的簡述欄位中，代碼須要轉換。

例子：< meta name= "DC.Description.政府機構類型" content = "中央機構">。

欄號 152 $a：編目規則，置入都柏林核心集的簡述欄位中，若為代碼則須先轉換成全稱。

欄號 152 $b：標題系統，若有註明，在相關的標題欄位，將都柏林核心集的架構修飾詞加以設定。

欄號 154 $a：劃一題名類型，置入都柏林核心集的簡述欄位中，代碼須要轉換。

欄號 160 $a：地區代碼，若資料與其他相關欄號重覆則省略，否則記載於欄位涵蓋時空中。

第二節　2 段欄號

表 3-2.　中國機讀權威記錄格式第 2 段欄號的對照表

中國機讀權威記錄格式			都柏林核心集		
欄位	位址	指標	欄位	修飾詞	
				架構(**{欄位}架構)	次項目(**{欄位}類別)
200 $a+$b			主題和關鍵詞(Subject)	{152$b}	人名權威標目
200 $a+$g			主題和關鍵詞(Subject)	{152$b}	人名權威標目
200 $c			簡述(Description)		人名權威標目附註
200 $d			簡述(Description)		世代數
200 $f			涵蓋時空(Coverage)		生卒年代
200 $s			涵蓋時空(Coverage)		時期名稱
200 $4			簡述(Description)		著作方式
200 $x			主題和關鍵詞(Subject)		人名權威標目主題
200 $y			涵蓋時空(Coverage)		地理名稱
200 $z			涵蓋時空(Coverage)		時期名稱

210 $a+$b			主題和關鍵詞(Subject)	{152$b}	團體名稱權威標目
210 $c			簡述(Description)		團體名稱權威標目附註
210 $d			簡述(Description)		會議屆數
210 $e			涵蓋時空(Coverage)		會議地點
210 $f			涵蓋時空(Coverage)		會議日期
210 $h			簡述(Description)		團體名稱權威標目附註
210 $s			涵蓋時空(Coverage)		時期名稱
210 $4			簡述(Description)		著作方式
210 $x			主題和關鍵詞(Subject)		人名權威標目主題
210 $y			涵蓋時空(Coverage)		地理名稱
210 $z			涵蓋時空(Coverage)		時期名稱
215 $a			主題和關鍵詞(Subject)	{152$b}	地名權威標目
215 $x			主題和關鍵詞(Subject)		地名權威標目主題
215 $y			涵蓋時空(Coverage)		地理名稱

215 $z			涵蓋時空(Coverage)		時期名稱
220 $a			主題和關鍵詞(Subject)	{152$b }	家族名稱權威標目
220 $f			涵蓋時空(Coverage)		家族年代
220 $4			簡述(Description)		著作方式
220 $x			主題和關鍵詞(Subject)		家族名稱權威標目主題
220 $y			涵蓋時空(Coverage)		地理名稱
220 $z			涵蓋時空(Coverage)		時期名稱
230 $a			主題和關鍵詞(Subject)	{152$b }	劃一題名權威標目
230 $b			資源類型(Type)		
230 $h			簡述(Description)		編次
230 $i			簡述(Description)		編次名稱
230 $k			出版日期(Date)		發行日期
230 $l			簡述(Description)		形式副標題
230 $m			語言(Language)		

230 $n			簡述 (Description)		劃一題名權威標目附註
230 $p			簡述 (Description)		卷數
230 $q			簡述 (Description)		版本
230 $s			簡述 (Description)		作品號
230 $t			資源類型 (Type)		音樂媒體
230 $u			簡述 (Description)		調性
230 $v			簡述 (Description)		冊次號
230 $w			簡述 (Description)		編曲
230 $x			主題和關鍵詞(Subject)		人名權威標目主題
230 $y			涵蓋時空 (Coverage)		地理名稱
230 $z			涵蓋時空 (Coverage)		時期名稱
235 $a+$e			主題和關鍵詞(Subject)	{152$b }	總集劃一題名權威標目
235 $b			資源類型 (Type)		
235 $k			出版日期 (Date)		發行日期

235 $m			語言(Language)		
235 $s			簡述(Description)		作品號
235 $t			資源類型(Type)		音樂媒體
235 $u			簡述(Description)		調性
235 $w			簡述(Description)		編曲
235 $x			主題和關鍵詞(Subject)		總集劃一題名權威標目主題
235 $y			涵蓋時空(Coverage)		地理名稱
235 $z			涵蓋時空(Coverage)		時期名稱
250 $a			主題和關鍵詞(Subject)	{152$b }	主題權威標目
250 $x			主題和關鍵詞(Subject)		主題權威標目主題
250 $y			涵蓋時空(Coverage)		地理名稱
250 $z			涵蓋時空(Coverage)		時期名稱

**代表 DC/RDF 所使用的修飾詞名稱。

以下是針對上述表格的詳細說明和例子：

欄號 200 $a+$b：人名權威標目，因為機讀權威記錄的主體是權威標目，不同於一般的書目記錄，因此將所有類型的權威標目，統一記載於都柏林核心集的主題和關鍵詞欄位。

例子一：< meta name= "DC.Subject.人名權威標目" scheme="csh" content = "杜甫">。

例子二：< meta name= "DC.Subject.人名權威標目" scheme="lc" content = "Laurence, D. H.">。

欄號 200 $a+$g：人名權威標目（副標目全名）。

例子：< meta name= "DC.Subject.人名權威標目" scheme="lc" content = "Tolkien, John Ronald Reuel">。

欄號 200 $c：年代以外修飾語，置入都柏林核心集的簡述欄位中，次項目修飾詞填入「人名權威標目附註」。

例子：< meta name= "DC.Description.人名權威標目附註" content = "re d'Italia">。

欄號 200 $d：世代數，置入都柏林核心集的簡述欄位中，次項目修飾詞填入「世代數」。

欄號 200 $f：生卒年代，置入都柏林核心集的涵蓋時空欄位中，次項目修飾詞填入「生卒年代」。

例子：< meta name= "DC.Coverage.生卒年代" content = "1962-">。

欄號 200 $s：朝代，置入都柏林核心集的涵蓋時空欄位中，次項目修飾詞填入「時期名稱」。

例子：< meta name= "DC.Coverage.時期名稱" content = "唐朝">。

欄號 200 $4：著作方式，置入都柏林核心集的簡述欄位中，次項目修飾詞填入「著作方式」。

欄號 200 $7：編目文字，若是欄號 100 $a 位址 13-20、位址 9-11、位址 21-22 已有註明，則可省略，否則據以設定都柏林核心集的語言修飾詞。

欄號 200 $x：人名權威標目主題，置入都柏林核心集的主題和關鍵詞欄位中，次項目修飾詞填入「人名權威標目主題」。

欄號 200 $y：人名權威標目地區，置入都柏林核心集的涵蓋時空欄位中，次項目修飾詞填入「地理名稱」。

欄號 200 $z：人名權威標目時代，置入都柏林核心集的涵蓋時空欄位中，次項目修飾詞填入「時期名稱」。

欄號 210 $a+$b：團體名稱權威標目，因爲機讀權威記錄的主體是權威標目，不同於一般的書目記錄，因此記載於都柏林核心集的主題和關鍵詞欄位。

例子：< meta name= "DC.Subject.團體名稱權威標目" scheme="csh" content = "臺灣省教育廳">。

欄號 210 $c：修飾語，置入都柏林核心集的簡述欄位中，次項目修飾詞填入「團體名稱權威標目附註」。

欄號 210 $d：會議屆數，置入都柏林核心集的簡述欄位中，次項目修飾詞填入「會議屆數」。

欄號 210 $e：會議地點，置入都柏林核心集的涵蓋時空欄位中，次項目修飾詞填入「會議地點」。

欄號 210 $f：會議日期，置入都柏林核心集的涵蓋時空欄位中，次項目修飾詞填入「會議日期」。

例子：< meta name= "DC.Coverage.會議日期" content = "1999">。

欄號 210 $h：其他部份名稱，置入都柏林核心集的簡述欄位中，次項目修飾詞填入「團體名稱權威標目附註」。

欄號 210 $s：朝代，置入都柏林核心集的涵蓋時空欄位中，次項目修飾詞填入「時期名稱」。

例子：< meta name= "DC.Coverage.時期名稱" content = "唐朝">。

欄號 210 $4：著作方式，置入都柏林核心集的簡述欄位中，次項目修飾詞填入「著作方式」。

欄號 210 $7：編目文字，若是欄號 100 $a 位址 13-20、位址 9-11、位址 21-22 已有註明，則可省略，否則據以設定都柏林核心集的語言修飾詞。

欄號 210 $x、$y、$z：參照欄號 200 中的說明。

欄號 215 $a：地名權威標目，因為機讀權威記錄的主體是權威標目，不同於一般的書目記錄，因此記載於都柏林核心集的主題和關鍵詞欄位。

欄號 215 $7：編目文字，若是欄號 100 $a 位址 13-20、位址 9-11、位址 21-22 已有註明，則可省略，否則據以設定都柏林核心集的語言修飾詞。

欄號 215 $x、$y、$z：參照欄號 200 中的說明。

欄號 220 $a：家族名稱權威標目，因為機讀權威記錄的主體是權威標目，不同於一般的書目記錄，因此記載於都柏林核心集的主題和關鍵詞欄位。

例子：< meta name= "DC.Subject.家族名稱權威標目"
scheme="csh" content = "吳氏">。

欄號 220 $f：家族年代，置入都柏林核心集的涵蓋時空欄位中，次項目修飾詞填入「家族年代」。

欄號 220 $4：著作方式，置入都柏林核心集的簡述欄位中，次項目修飾詞填入「著作方式」。

欄號 220 $7：編目文字，若是欄號 100 $a 位址 13-20、位址 9-11、位址 21-22 已有註明，則可省略，否則據以設定都柏林核心集的語言修飾詞。

欄號 220 $x、$y、$z：參照欄號 200 中的說明。

例子：< meta name= "DC.Subject.家族名稱權威標目主題" content = "譜系">。

欄號 230 $a：劃一題名權威標目，因爲機讀權威記錄的主體是權威標目，不同於一般的書目記錄，因此記載於都柏林核心集的主題和關鍵詞欄位。

欄號 230 $b：資料類型標示，置入都柏林核心集的資源類型欄位中。

欄號 230 $h：編次，記載於欄位簡述中，次項目修飾詞填入「編次」。

欄號 230 $i：編次名稱，記載於欄位簡述中，次項目修飾詞填入「編次名稱」。

欄號 230 $k：出版日期，記載於欄位出版日期中，次項目修飾詞填入「發行日期」。

欄號 230 $l：形式副標題，記載於欄位簡述中，次項目修飾詞填入「形式副標題」。

欄號 230 $m：作品語文，記載於欄位語言中。

欄號 230 $n：其他說明，記載於欄位簡述中，次項目修飾詞填入「劃一題名權威標目附註」。

欄號 230 $p：卷數，記載於欄位簡述中，次項目修飾詞填入「卷數」。

欄號 230 $q：版本，記載於欄位簡述中，次項目修飾詞填入「版本」。

欄號 230 $s：作品號，記載於欄位簡述中，次項目修飾詞填入「作品號」。

欄號 230 $t：音樂媒體，記載於欄位資源類型中，次項目修飾詞填入「音樂媒體」。

欄號 230 $u：調性，記載於欄位簡述中，次項目修飾詞填入「調性」。

欄號 230 $v：冊次號，記載於欄位簡述中，次項目修飾詞填入「冊次號」。

欄號 230 $w：編曲，記載於欄位簡述中，次項目修飾詞填入「編曲」。

欄號 230 $7：編目文字，若是欄號 100 $a 位址 13-20、位址 9-11、位址 21-22 已有註明，則可省略，否則據以設定都柏林核心集的語言修飾詞。

欄號 230 $x、$y、$z：參照欄號 200 中的說明。

欄號 235 $a+$e：總集劃一題名權威標目，因爲機讀權威記錄的主體是權威標目，不同於一般的書目記錄，因此記載於都柏林核心集的主題和關鍵詞欄位。

欄號 235 $b：資料類型標示，置入都柏林核心集的資源類型欄位中。

欄號 235 $k：出版日期，記載於欄位出版日期中，次項目修飾詞填入「發行日期」。

欄號 235 $m：作品語文，記載於欄位語言中。

欄號 235 $s：作品號，記載於欄位簡述中，次項目修飾詞填入「作品號」。

欄號 235 $t：音樂媒體，記載於欄位資源類型中，次項目修飾詞填入「音樂媒體」。

欄號 235 $u：調性，記載於欄位簡述中，次項目修飾詞填入「調性」。

欄號 235 $w：編曲，記載於欄位簡述中，次項目修飾詞填入「編曲」。

欄號 235 $7：編目文字，若是欄號 100 $a 位址 13-20、位址 9-11、位址 21-22 已有註明，則可省略，否則據以設定都柏林核心集的語言修飾詞。

欄號 235 $x、$y、$z：參照欄號 200 中的說明。

欄號 240：著者/題名權威標目，以記錄中第一個分欄 1 所記載的權威標目爲主，其他的權威標目，以重覆關連欄位方式，記載於第一個權威標目中。

欄號 245：著者/總集劃一題名權威標目，以記錄中第一個分欄 1 所記載的權威標目爲主，其他的權威標目，以重覆關連欄位方式，記載於第一個權威標目中。

欄號 250 $a：主題權威標目，因爲機讀權威記錄的主體是權威標目，不同於一般的書目記錄，因此記載於都柏林核心集的主題欄位。

欄號 250 $7：編目文字，若是欄號 100 $a 位址 13-20、位址 9-11、位址 21-22 已有註明，則可省略，否則據以設定都柏林核心集的語言修飾詞。

欄號 250 $x、$y、$z：參照欄號 200 中的說明。

第三節　3 段欄號

表 3-3.　中國機讀權威記錄格式第 3 段欄號的對照表

中國機讀權威記錄格式			都柏林核心集		
欄位	位址	指標	欄位	修飾詞	
				架構(**{欄位}架構)	次項目(**{欄位}類別)
300 $a			簡述(Description)		權威標目附註
305 $a+$b			簡述(Description)		權威標目附註
305 $b			關連(Relation)		權威標目參見
310 $a+$b			簡述(Description)		權威標目附註
310 $b			關連(Relation)		權威標目見
320 $a			簡述(Description)		權威標目附註
330 $a			簡述(Description)		權威標目附註

**代表 DC/RDF 所使用的修飾詞名稱。

以下是針對上述表格的詳細說明和例子：

欄號 300 $a：權威標目一般註，記載於欄位簡述中，次項目修飾詞填入「權威標目附註」。

欄號 300 $7：編目文字，若是欄號 100 $a 位址 13-20、位址 9-11、位址 21-22 已有註明，則可省略，否則據以設定都柏林核心集的語言修飾詞。

欄號 305 $a+$b：權威標目參見註，記載於欄位簡述中，次項目修飾詞填入「權威標目附註」。

欄號 305 $b：權威標目參見標目，記載於欄位關連中，次項目修飾詞填入「權威標目參見」。

欄號 305 $7：編目文字，若是欄號 100 $a 位址 13-20、位址 9-11、位址 21-22 已有註明，則可省略，否則據以設定都柏林核心集的語言修飾詞。

欄號 310 $a+$b：權威標目見註，記載於欄位簡述中，次項目修飾詞填入「權威標目附註」。

欄號 310 $b：權威標目見之標目，記載於欄位關連中，次項目修飾詞填入「權威標目見」。

欄號 310 $7：編目文字，若是欄號 100 $a 位址 13-20、位址 9-11、位址 21-22 已有註明，則可省略，否則據以設定都柏林核心集的語言修飾詞。

欄號 320 $a：權威標目說明參照註，記載於欄位簡述中，次項目修飾詞填入「權威標目附註」。

欄號 320 $7：編目文字，若是欄號 100 $a 位址 13-20、位址 9-11、位址 21-22 已有註明，則可省略，否則據以設定都柏林核心集的語言修飾詞。

欄號 330 $a：權威標目範圍註，記載於欄位簡述中，次項目修飾詞填入「權威標目附註」。

欄號 330 $7：編目文字，若是欄號 100 $a 位址 13-20、位址 9-11、位址 21-22 已有註明，則可省略，否則據以設定都柏林核心集的語言修飾詞。

第四節　4-5 段欄號

表 3-4.　中國機讀權威記錄格式第 4-5 段欄號的對照表

中國機讀權威記錄格式			都柏林核心集		
欄位	位址	指標	欄位	修飾詞	
				架構(**{欄位}架構)	次項目(**{欄位}類別)
400 $a+ $b+ $c+ $d+ $f+ $g+ $s+ $4+ $x+ $y+ $z			關連(Relation)	{$2}	人名反見權威標目
410 $a+ $b+ $c+ $d+ $e + $f+ $g+ $h + $s+ $4+ $x+ $y+ $z			關連(Relation)	{$2}	團體名稱反見權威標目
415 $a+			關連(Relation)	{$2}	地名反見權

$x+ $y+ $z					威標目
420 $a+ $f+ $4+ $x+ $y+ $z			關連(Relation)	{$2}	家族名稱反 見權威標目
430 $a+ $b+ $h+ $i+ $k+ $l+ $m+ $n+ $p+ $q+ $s+ $t+ $u+ $v+ $w +$x+ $y+ $z			關連(Relation)	{$2}	劃一題名反 見權威標目
440 $1			關連(Relation)	{$2}	著者/題名反 見權威標目
445 $1			關連(Relation)	{$2}	著者/總集劃 一題名反見 權威標目
450 $a+ $x+ $y+ $z			關連(Relation)	{$2}	主題反見權 威標目
500 $a+ $b+ $c+ $d+ $f+ $g+ $s+			關連(Relation)	{$2}	人名反參見 權威標目

$4+ $x+ $y+ $z					
510 $a+ $b+ $c+ $d+ $e + $f+ $g+ $h + $s+ $4+ $x+ $y+ $z			關連(Relation)	{$2}	團體名稱反參見權威標目
515 $a+ $x+ $y+ $z			關連(Relation)	{$2}	地名反參見權威標目
520 $a+ $f+ $4+ $x+ $y+ $z			關連(Relation)	{$2}	家族名稱反參見權威標目
530 $a+ $b+ $h+ $i+ $k+ $l+ $m+ $n+ $p+ $q+ $s+ $t+ $u+ $v+ $w +$x+ $y+ $z			關連(Relation)	{$2}	劃一題名反參見權威標目
540 $1			關連(Relation)	{$2}	著者/題名反參見權威標

					目
545 $1			關連(Relation)	{$2}	著者/總集劃一題名反參見權威標目
550 $a+ $x+ $y+ $z			關連(Relation)	{$2}	主題反參見權威標目

**代表 DC/RDF 所使用的修飾詞名稱。

以下是針對上述表格的詳細說明和例子：

欄號 400 $a+ $b+ $c+ $d+ $f+ $g+ $s+ $4+ $x+ $y+ $z：人名反見權威標目，由於反見權威標目獨立自成一個單獨標目記錄，故各類型之反見權威標目均置於欄位關連中，並將所有分欄資料（控制分欄除外）記載於同一欄位中，次項目修飾詞填入「人名反見權威標目」。

例子：< meta name= "DC.Relation.人名反見權威標目" content = "弘一法師">。

欄號 400 $2：標題系統，若有資料則據以設定都柏林核心集的架構修飾詞。

欄號 400 $8+$7：編目語言與文字，若有資料則據以設定都柏林核心集的語言修飾詞。

欄號 410$a+ $b+ $c+ $d+ $e + $f+ $g+ $h + $s+ $4+ $x+ $y+ $z：團體名稱反見權威標目，置於欄位關連中，並將所有分欄資料（控制分欄除外）記載於同一欄位中，次項目修飾詞填入「團體名稱反見權威標目」。

欄號 410 $2：標題系統，若有資料則據以設定都柏林核心集的架構修飾詞。

欄號 410 $8+$7：編目語言與文字，若有資料則據以設定都柏林核心集的語言修飾詞。

欄號 415$a+ $x+ $y+ $z：地名反見權威標目，置於欄位關連中，並將所有分欄資料（控制分欄除外）記載於同一欄位中，次項目修飾詞填入「地名反見權威標目」。

欄號 415 $2：標題系統，若有資料則據以設定都柏林核心集的架構修飾詞。

欄號 415 $8+$7：編目語言與文字，若有資料則據以設定都柏林核心集的語言修飾詞。

欄號 420 $a+ $f+ $4+ $x+ $y+ $z：家族名稱反見權威標目，置於欄位關連中，並將所有分欄資料（控制分欄除外）記載於同一欄位中，次項目修飾詞填入「家族名稱反見權威標目」。

欄號 420 $2：標題系統，若有資料則據以設定都柏林核心集的架構修飾詞。

欄號 420 $8+$7：編目語言與文字，若有資料則據以設定都柏林核心集的語言修飾詞。

欄號 430 $a+ $b+ $h+ $i+ $k+ $l+ $m+ $n+ $p+ $q+ $s+ $t+ $u+ $v+ $w +$x+ $y+ $z：劃一題名反見權威標目，置於欄位關連中，並將所有分欄資料（控制分欄除外）記載於同一欄位中，次項目修飾詞填入「劃一題名反見權威標目」。

欄號 430 $2：標題系統，若有資料則據以設定都柏林核心集的架構修飾詞。

欄號 430 $8+$7：編目語言與文字，若有資料則據以設定都柏林核心集的語言修飾詞。

欄號 440 $1：著者/題名反見權威標目，置於欄位關連中，並將所有分欄資料（控制分欄除外）記載於同一欄位中，次項目修飾詞填入「著者/題名反見權威標目」。

欄號 440 $2：標題系統，若有資料則據以設定都柏林核心集的架構修飾詞。

欄號 440 $8+$7：編目語言與文字，若有資料則據以設定都柏林核心集的語言修飾詞。

欄號 445 $1：著者/總集劃一題名反見權威標目，置於欄位關連中，並將所有分欄資料（控制分欄除外）記載於同一欄位中，次項目修飾詞填入「著者/總集劃一題名反見權威標目」。

欄號 445 $2：標題系統，若有資料則據以設定都柏林核心集的架構修飾詞。

欄號 445 $8+$7：編目語言與文字，若有資料則據以設定都柏林核心集的語言修飾詞。

欄號 450 $a+ $x+ $y+ $z：主題反見權威標目，置於欄位關連中，並將所有分欄資料（控制分欄除外）記載於同一欄位中，次項目修飾詞填入「主題反見權威標目」。

欄號 450 $2：標題系統，若有資料則據以設定都柏林核心集的架構修飾詞。

欄號 450 $8+$7：編目語言與文字，若有資料則據以設定都柏林核心集的語言修飾詞。

欄號 500 $a+ $b+ $c+ $d+ $f+ $g+ $s+ $4+ $x+ $y+ $z：人名反參見權

威標目，由於反參見權威標目獨立自成一個單獨標目記錄，故各類型之反參見權威標目均置於欄位關連中，並將所有分欄資料（控制分欄除外）記載於同一欄位中，次項目修飾詞填入「人名反參見權威標目」。

例子：< meta name= "DC.Relation.人名反參見權威標目" content = "郭衣洞">。

欄號 500 $2：標題系統，若有資料則據以設定都柏林核心集的架構修飾詞。

欄號 500 $8+$7：編目語言與文字，若有資料則據以設定都柏林核心集的語言修飾詞。

欄號 510$a+ $b+ $c+ $d+ $e + $f+ $g+ $h + $s+ $4+ $x+ $y+ $z：團體名稱反參見權威標目，置於欄位關連中，並將所有分欄資料（控制分欄除外）記載於同一欄位中，次項目修飾詞填入「團體名稱反參見權威標目」。

欄號 510 $2：標題系統，若有資料則據以設定都柏林核心集的架構修飾詞。

欄號 510 $8+$7：編目語言與文字，若有資料則據以設定都柏林核心集的語言修飾詞。

欄號 515$a+ $x+ $y+ $z：地名反參見權威標目，置於欄位關連中，並將所有分欄資料（控制分欄除外）記載於同一欄位中，次項目修飾詞填入「地名反參見權威標目」。

欄號 515 $2：標題系統，若有資料則據以設定都柏林核心集的架構修飾詞。

欄號 515 $8+$7：編目語言與文字，若有資料則據以設定都柏林核心集的語言修飾詞。

欄號 520 $a+ $f+ $4+ $x+ $y+ $z：家族名稱反參見權威標目，置於欄位關連中，並將所有分欄資料（控制分欄除外）記載於同一欄位中，次項目修飾詞填入「家族名稱反參見權威標目」。

欄號 520 $2：標題系統，若有資料則據以設定都柏林核心集的架構修飾詞。

欄號 520 $8+$7：編目語言與文字，若有資料則據以設定都柏林核心集的語言修飾詞。

欄號 530 $a+ $b+ $h+ $i+ $k+ $l+ $m+ $n+ $p+ $q+ $s+ $t+ $u+ $v+ $w +$x+ $y+ $z：劃一題名反參見權威標目，置於欄位關連中，並將所有分欄資料（控制分欄除外）記載於同一欄位中，次項目修飾詞填入「劃一題名反參見權威標目」。

欄號 530 $2：標題系統，若有資料則據以設定都柏林核心集的架構修飾詞。

欄號 530 $8+$7：編目語言與文字，若有資料則據以設定都柏林核心集的語言修飾詞。

欄號 540 $1：著者/題名反參見權威標目，置於欄位關連中，並將所有分欄資料（控制分欄除外）記載於同一欄位中，次項目修飾詞填入「著者/題名反參見權威標目」。

欄號 540 $2：標題系統，若有資料則據以設定都柏林核心集的架構修飾詞。

欄號 540 $8+$7：編目語言與文字，若有資料則據以設定都柏林核心集的語言修飾詞。

欄號 545 $1：著者/總集劃一題名反參見權威標目，置於欄位關連中，並將所有分欄資料（控制分欄除外）記載於同一欄位中，次項目修飾詞填入「著者/總集劃一題名反參見權威標目」。

欄號 545 $2：標題系統，若有資料則據以設定都柏林核心集的架構修飾詞。

欄號 545 $8+$7：編目語言與文字，若有資料則據以設定都柏林核心集的語言修飾詞。

欄號 550 $a+ $x+ $y+ $z：主題反參見權威標目，置於欄位關連中，並將所有分欄資料（控制分欄除外）記載於同一欄位中，次項目修飾詞填入「主題反參見權威標目」。

欄號 550 $2：標題系統，若有資料則據以設定都柏林核心集的架構修飾詞。

欄號 550 $8+$7：編目語言與文字，若有資料則據以設定都柏林核心集的語言修飾詞。

第五節　6 段欄號

表 3-5.　中國機讀權威記錄格式第 6 段欄號的對照表

中國機讀權威記錄格式			都柏林核心集		
欄位	位址	指標	欄位	修飾詞	
				架構(**{欄位}架構)	次項目(**{欄位}類別)
675 $a+$b			主題和關鍵詞(Subject)	國際十進分類號(UDC)	
675 $c			主題和關鍵	國際十進分	

			詞(Subject)	類號(UDC)	
675 $v			簡述(Description)		國際十進分類號(UDC)版本
676 $a+$b			主題和關鍵詞(Subject)	杜威十進分類號(DDC)	
676 $c			主題和關鍵詞(Subject)	杜威十進分類號(DDC)	
676 $v			簡述(Description)		杜威十進分類號(DDC)版本
680 $a+$b			主題和關鍵詞(Subject)	美國國會圖書館分類號(LCC)	
680 $c			主題和關鍵詞(Subject)	美國國會圖書館分類號(LCC)	
681 $a+$b			主題和關鍵詞(Subject)	中國圖書分類號(CCL)	
681 $c			主題和關鍵詞(Subject)	中國圖書分類號(CCL)	
681 $v			簡述(Description)		中國圖書分類號(CCL)版本
686 $a+$b			主題和關鍵詞(Subject)	{$2}	
686 $c			主題和關鍵詞(Subject)	{$2}	

**代表 DC/RDF 所使用的修飾詞名稱。

以下是針對上述表格的詳細說明和例子：

欄號 675 $a+$b：國際十進分類號，記載於欄位主題和關鍵詞中。

例子：< meta name= "DC.Subject" scheme="UDC" content = "539.1+621.039">。

欄號 675 $c：國際十進分類號類目，記載於欄位主題和關鍵詞中，分欄 z 若有資料則據以設定都柏林核心集的語言修飾詞。

欄號 675 $v：國際十進分類號版本，記載於欄位簡述中，次項目修飾詞填入「國際十進分類號（UDC）版本」。

例子：< meta name= "DC. Description.國際十進分類號（UDC）版本" content = "4">。

欄號 676 $a+$b：杜威十進分類號，記載於欄位主題和關鍵詞中。

例子：< meta name= "DC.Subject" scheme="DDC" content = "025.313">。

欄號 676 $c：杜威十進分類號類目，記載於欄位主題和關鍵詞中，分欄 z 若有資料則據以設定都柏林核心集的語言修飾詞。

欄號 676 $v：杜威十進分類號版本，記載於欄位簡述中，次項目修飾詞填入「杜威十進分類號（DDC）」。

例子：< meta name= "DC.Subject.杜威十進分類號（DDC）" content = "19">。

欄號 680 $a+$b：美國國會圖書館分類號，記載於欄位主題和關鍵詞中。

例子：< meta name= "DC.Subject" scheme="LCC" content = "Z686.D515 1979">。

欄號 680 $c：美國國會圖書館分類號類目，記載於欄位主題和關鍵詞中。

欄號 681 $a+$b：中國圖書分類號，記載於欄位主題和關鍵詞中。

例子：< meta name= "DC.Subject" scheme="CCL" content = "023.4 6058">。

欄號 681 $c：中國圖書分類號類目，記載於欄位主題和關鍵詞中。

欄號 681 $v：中國圖書分類號版本，記載於欄位簡述中，次項目修飾詞填入「中國圖書分類號（CCL）版本」。

例子：< meta name= "DC.Subject.中國圖書分類號（CCL）版本" content = "新訂四版">。

欄號 686 $a+$b：其他分類號，記載於欄位主題和關鍵詞中，分欄 2 據以設定都柏林核心集的架構修飾詞。

例子：< meta name= "DC.Subject" scheme="USUN1" content = "281.9 C81A">。

欄號 686 $c：其他分類號類目，記載於欄位主題和關鍵詞中，分欄 2 據以設定都柏林核心集的架構修飾詞。

第六節　7-8 段欄號

表 3-6.　中國機讀權威記錄格式第 7-8 段欄號的對照表

中國機讀權威記錄格式			都柏林核心集		
欄位	位址	指標	欄位	修飾詞	
				架構(**{欄位}架構)	次項目(**{欄位}類別)
700 $a+			關連(Relation)	{$2}	人名連接權

$b+ $c+ $d+ $f+ $g+ $s+ $4+ $x+ $y+ $z					威標目
710 $a+ $b+ $c+ $d+ $e + $f+ $g+ $h + $s+ $4+ $x+ $y+ $z			關連(Relation)	{$2}	團體名稱連接權威標目
715 $a+ $x+ $y+ $z			關連(Relation)	{$2}	地名連接權威標目
720 $a+ $f+ $4+ $x+ $y+ $z			關連(Relation)	{$2}	家族名稱連接權威標目
730 $a+ $b+ $h+ $i+ $k+ $l+ $m+ $n+ $p+ $q+ $s+ $t+ $u+ $v+ $w +$x+			關連(Relation)	{$2}	劃一題名連接權威標目

$y+ $z				
740 $1			關連(Relation)	{$2}	著者/題名連接權威標目
745 $1			關連(Relation)	{$2}	著者/總集劃一題名連接權威標目
750 $a+ $x+ $y+ $z			關連(Relation)	{$2}	主題連接權威標目
801 $a+$b		2-0	簡述 (Description)		原始權威記錄單位
801 $c		2-0	簡述 (Description)		原始權威記錄單位處理日期
801 $a+$b		2-1	簡述 (Description)		輸入電子計算機單位
801 $c		2-1	簡述 (Description)		輸入電子計算機單位處理日期
801 $a+$b		2-2	簡述 (Description)		修改記錄單位
801 $c		2-2	簡述 (Description)		修改記錄單位處理日期
801 $a+$b		2-3	簡述 (Description)		發行記錄單位
801 $c		2-3	簡述 (Description)		發行記錄單位處理日期
810 $a			簡述		引用資料

			(Description)		
810 $b			簡述 (Description)		資料來源
815 $a			簡述 (Description)		未查獲資料註
820 $a			簡述 (Description)		使用註
825 $a			簡述 (Description)		註記舉例
830 $a			簡述 (Description)		編目員註

**代表 DC/RDF 所使用的修飾詞名稱。

以下是針對上述表格的詳細說明和例子：

欄號 700 $a+ $b+ $c+ $d+ $f+ $g+ $s+ $4+ $x+ $y+ $z：人名連接權威標目，由於連接權威標目獨立自成一個單獨標目記錄，故各類型之反參見權威標目均置於欄位關連中，並將所有分欄資料（控制分欄除外）記載於同一欄位中，次項目修飾詞填入「人名連接權威標目」。

例子：<meta name= "DC.Relation.人名連接權威標目" lang="en" content = "Cheng, Ch`eng-Kung, 1642-1662">。

欄號 700 $2：標題系統，若有資料則據以設定都柏林核心集的架構修飾詞。

欄號 700 $8+$7：編目語言與文字，若有資料則據以設定都柏林核心集的語言修飾詞。

欄號 710$a+ $b+ $c+ $d+ $e + $f+ $g+ $h + $s+ $4+ $x+ $y+ $z：團體

名稱連接權威標目，置於欄位關連中，並將所有分欄資料（控制分欄除外）記載於同一欄位中，次項目修飾詞填入「團體名稱連接權威標目」。

欄號 710 $2：標題系統，若有資料則據以設定都柏林核心集的架構修飾詞。

欄號 710 $8+$7：編目語言與文字，若有資料則據以設定都柏林核心集的語言修飾詞。

欄號 715$a+ $x+ $y+ $z：地名連接權威標目，置於欄位關連中，並將所有分欄資料（控制分欄除外）記載於同一欄位中，次項目修飾詞填入「地名連接權威標目」。

欄號 715 $2：標題系統，若有資料則據以設定都柏林核心集的架構修飾詞。

欄號 715 $8+$7：編目語言與文字，若有資料則據以設定都柏林核心集的語言修飾詞。

欄號 720 $a+ $f+ $4+ $x+ $y+ $z：家族名稱連接權威標目，置於欄位關連中，並將所有分欄資料（控制分欄除外）記載於同一欄位中，次項目修飾詞填入「家族名稱連接權威標目」。

欄號 720 $2：標題系統，若有資料則據以設定都柏林核心集的架構修飾詞。

欄號 720 $8+$7：編目語言與文字，若有資料則據以設定都柏林核心集的語言修飾詞。

欄號 730 $a+ $b+ $h+ $i+ $k+ $l+ $m+ $n+ $p+ $q+ $s+ $t+ $u+ $v+ $w +$x+ $y+ $z：劃一題名連接權威標目，置於欄位關連中，並將所有分欄資料（控制分欄除外）記載於同一欄位中，次項目修飾詞填入「劃一題名連接權威標目」。

欄號 730 $2：標題系統，若有資料則據以設定都柏林核心集的架構修飾詞。

欄號 730 $8+$7：編目語言與文字，若有資料則據以設定都柏林核心集的語言修飾詞。

欄號 740 $1：著者/題名連接權威標目，置於欄位關連中，並將所有分欄資料（控制分欄除外）記載於同一欄位中，次項目修飾詞填入「著者/題名連接權威標目」。

欄號 740 $2：標題系統，若有資料則據以設定都柏林核心集的架構修飾詞。

欄號 740 $8+$7：編目語言與文字，若有資料則據以設定都柏林核心集的語言修飾詞。

欄號 745 $1：著者/總集劃一題名連接權威標目，置於欄位關連中，並將所有分欄資料（控制分欄除外）記載於同一欄位中，次項目修飾詞填入「著者/總集劃一題名連接權威標目」。

欄號 745 $2：標題系統，若有資料則據以設定都柏林核心集的架構修飾詞。

欄號 745 $8+$7：編目語言與文字，若有資料則據以設定都柏林核心集的語言修飾詞。

欄號 750 $a+ $x+ $y+ $z：主題連接權威標目，置於欄位關連中，並將所有分欄資料（控制分欄除外）記載於同一欄位中，次項目修飾詞填入「主題連接權威標目」。

欄號 750 $2：標題系統，若有資料則據以設定都柏林核心集的架構修飾詞。

欄號 750 $8+$7：編目語言與文字，若有資料則據以設定都柏林核心集的語言修飾詞。

欄號 810 $a：引用資料，記載於欄位簡述，次項目修飾詞填入「引用資料」。

欄號 810 $b：資料來源，記載於欄位簡述，次項目修飾詞填入「資料來源」。

欄號 815 $a：未查獲資料註，記載於欄位簡述，次項目修飾詞填入「未查獲資料註」。

欄號 820 $a：使用註，記載於欄位簡述，次項目修飾詞填入「使用註」。

欄號 825 $a：註記舉例，記載於欄位簡述，次項目修飾詞填入「註記舉例」。

欄號 830 $a：編目員註，記載於欄位簡述，次項目修飾詞填入「編目員註」。

第四章　梵諦岡地區中文聯合館藏系統（UCS）

梵諦岡地區中文聯合館藏系統（United Chinese System，簡稱 UCS）是外交部與輔仁大學共同合作的一個計畫，主要目的在協助梵諦岡教廷所屬的傳信大學圖書館處理其中文藏書。

此計畫緣起於中華民國駐教廷戴大使瑞明爲協助梵諦岡傳信大學解決其圖書館發展上所遭遇的困難，一方面建議其向蔣經國基金會申請補助，另一方面在楊校長敦和訪問梵諦岡開會之際，邀請楊校長參觀傳信大學圖書館，並請楊校長基於姊妹校的情誼，協助此計畫的推動。楊校長回國後，即請圖資系張主任淳淳推薦一名系上教師赴義大利，評估由傳信大學圖書館館長漢克神父（Willi Henkel）提出的計畫。由於本人畢業自輔大圖書館系，又於其後赴美攻讀電腦，並在獲得電腦博士學位後，返回母系圖資系任教，具有圖書館與電腦的雙重背景，於是張主任推薦本人赴義大利評估此計畫。經校長同意，並連繫大使和傳信大學取得其同意後，於 1998 年 6 月 20 日啓程赴梵諦岡。

在羅馬停留期間，承蒙大使館人員和傳信大學圖書館館長漢克神父的全力協助，不但實地參觀了傳信大學現有的圖書館自動化系統，以及中文館藏的處理方式，也參觀了梵諦岡圖書館和聖十字大學所負責的 Multiweb 系統。在整個參訪過程中發現以下情況：

(一)傳信大學使用以色列發展的 ALEPH 圖書館自動化系統，該系統正在換裝 Web 介面實驗階段，但無處理中文的能力。

(二)傳信大學目前約有五千冊中文書，大部份衹做簡單的編目，並以目錄卡片形式存在，少部份書籍尚未編目。

(三)梵諦岡圖書館所使用的一套法國系統，目前也處於換裝 Web 介面的實驗階段，並無處理中文的能力，因此目前中文目錄也是衹以卡片形式存在。經過實地觀察，發現由於人員時常更換，圖書館內的中文目錄卡片格式有數種，其詳簡程度不一。

(四)聖十字大學所負責的 Multiweb 系統，目前雖已初步成型，但並無處理中文的能力，該系統採用美國蘋果電腦公司的麥金塔系統。

(五)整個梵諦岡地區，包括梵諦岡圖書館、各大學圖書館、各修會圖書館，所擁有的中文圖書雖然數量不多，但目前均處於無法以電腦處理的窘境。經實地測試也發現即使是微軟最風行的 Windows 95 系統，其中文和義大利版也是不相容的。

在考慮其整體需求與館內人力狀況後，覺得一套簡單和易維護的自動化系統，最適合其所需。因此建議採用的基礎軟體架構，是美國微軟公司（Microsoft）在（網路）作業系統和資料庫的旗艦產品——Windows NT 和 SQL Server。在此基礎軟體（Windows NT 和 SQL Server）上，由我負責撰寫梵諦岡中文聯合館藏系統（UCS）。

第一節　系統特色簡介

梵諦岡中文聯合館藏系統（UCS）是改寫自本人已建立和在網路上運行的另外一套系統—分散式元資料系統（DIMES）❶，主要特色是所有資料的查詢、新增、修改、刪除，都是透過 Web 介面（WWW）方式進行，這也是目前和未來的主要趨勢。

這套系統的另外一個特色，是不但可以處理傳統的圖書館館藏，也可以處理時下流行的 WWW 網頁，因此可以將書目資料（或印刷資料）與 WWW 網頁（或電子檔案）合併處理，一方面增加檢索和資料處理的效率，一方面使系統更易於維護。

由於梵諦岡地區中文聯合館藏系統（UCS）直接以都柏林核心集（Dublin Core）爲其資料描述格式，因此是都柏林核心集在圖書館的一個應用系統，在 1999 年 6 月截止，UCS 系統總共有近三千筆中外文資料，並已在線上全天候運作超過半年。由於採取 Web 介面，同時其輸入（著錄）和輸出畫面，均重新以圖書館員所熟悉的格式和術語來設計，所以使用者和館員都覺得非常易於使用。因此 UCS 不但是一個成功的系統，也直接驗證了都柏林核心集應用於圖書館的可行性。

總結來說，梵諦岡地區中文聯合館藏系統（UCS）有以下的特色：

㈠使用 URN 作爲資源（或文件）的唯一識別碼：由於未來的趨勢，是以 URN 來取代 URL，作爲資源（或文件）的識別名稱

---

❶ 吳政叡，機讀編目格式在都柏林核心集的應用探討，（臺北市：學生，民國 87 年 12 月），頁 73-75。

❷，因此 UCS 採用 URN 作爲文件的唯一識別名稱。但由於 IETF 尚未對 URN 作出最後規範，因此 UCS 目前採取以下過渡措施：

書籍的 URN 爲

UCS:{圖書館代碼}:{書籍的編號}

例子：URN: UCS:PUU:00661。

上述例子中的 UCS 爲系統代碼，PUU 爲梵諦岡傳信大學圖書館的代碼。

㈡直接採用都柏林核心集爲資料描述格式：因此可以將圖書館的兩大資料來源——書目資料與 Web 網頁合併處理。

㈢同時提供線上 Web 介面的著錄和檢索：目前較老舊的圖書館自動化系統，如傳信大學正在使用的 ALEPH 圖書館自動化系統，其著錄和檢索都還在使用 Telnet 的方式。很多著名的圖書館自動化系統雖然已提供 Web 的檢索介面，但是其著錄部份則由於諸多因素，尚停留在舊式的 Telnet 介面。由於 UCS 所採用的都柏林核心集本來就是設計在 Web 的環境下來運作，因此所有系統的操作都可以很順暢的以 Web 介面來進行，如 UCS 大部份的系統管理工作也可透過 Web 來完成。由於傳信大學圖書館的政策是書籍祇能在館內閱讀，因此 UCS 目前祇有著錄、檢索、管理三個模組。

㈣採用美國微軟公司（Microsoft）的 IIS-NT-SQL Server 系統架構：使得 UCS 的開發工作得以最小代價來完成，同時輕易達成資料上網的目標。

---

❷ 吳政叡，三個元資料格式的比較分析，中國圖書館學會會報 57 期（民 85 年 12 月），頁 41。

由於臺灣和義大利間的網路甚為擁塞，筆者也不可能常常往返奔波於羅馬和臺北之間，所以整個系統是在輔仁大學建造完成後，再整個移植到傳信大學，在輔大的系統除了可提供快速和便利的服務給臺灣及亞洲地區的讀者使用外，也充當系統的備用和維護機器，當傳信大學的系統因不可抗力的因素毀損時，可直接以輔仁大學的系統來加以回復。因此在輔仁大學和傳信大學各有一個完全一樣的 UCS 系統，其網址分別為 http://dimes.lins.fju.edu.tw/ucsiv 和 http://193.43. 128.68（也可從傳信大學圖書館的首頁 http://www.puu.urbe.it 進入），以下是在輔仁大學的 UCSIV 系統首頁，如圖 4-1。

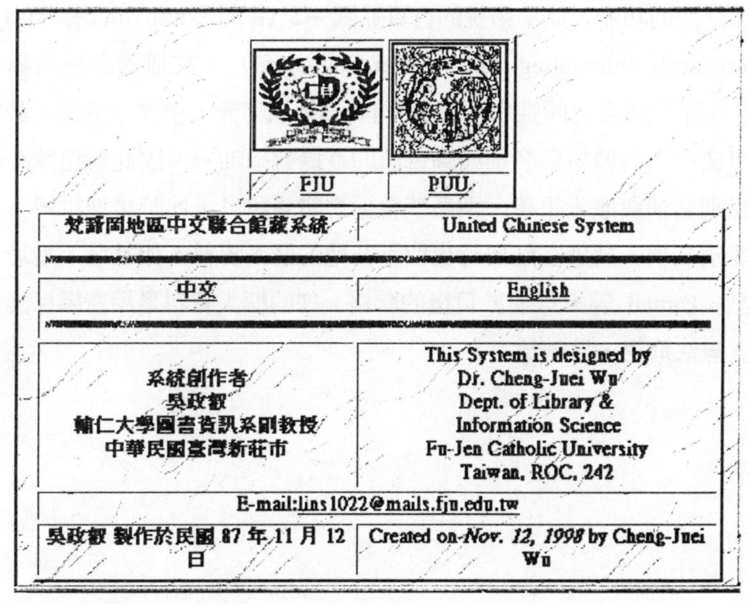

圖 4-1.　梵諦岡地區中文聯合館藏系統（UCS）首頁

以下作者將各項作業依功能和類別分爲若干的子系統來介紹，目前有以下的四個子系統：註冊子系統、管理子系統、查詢子系統、著錄子系統，中文聯合館藏系統（UCS）有中文和英文兩種介面，以下將以介紹中文介面爲主。爲了便利使用者充分利用多視窗來進行平行作業，系統的設計是將每個子系統單獨開一個視窗來處理，因此使用者在離開子系統時，請直接將該子系統的視窗關閉即可。

第二節　註冊子系統

爲了確保您所著錄的資料不會遭到別人的任意刪改，系統提供著錄者註冊的功能，此子系統的首頁見圖 4-2（網址：http://dimes.lins.fju.edu.tw/ucsiv/chinese/register/ register_main.html）。註冊的識別名稱可自訂，不須用自己的姓名，最長可有 255 個字元，中文、英文、數字皆可使用。由於識別名稱如圖書館的登錄號須唯一，因此若您欲註冊的識別名稱與他人重覆，則系統會給您錯誤訊息，此時請您試用其他的識別名稱。請您在註冊時也留下其他的個人資料，如姓名、地址、電話、E-mail 等，以便於日後的聯絡，您的個人資料是用密碼保護，他人無法取得，敬請放心。

註冊子系統

註冊子系統介紹 | 修改密碼

(新增)註冊 | 修改登錄資料 | 查詢

登錄時注意事項:

- 大小寫有別
- 第一次登錄時,請使用**(新增)註冊**項目, 以後的資料修改,請使用**修改登錄資料**項目.
- 您必須先在此登錄您的資料, 然後在著錄資料時填入,才能保留日後對所著錄資料的**修改權**.

圖 4-2.　註冊子系統首頁

註冊子系統有提供以下的功能：

㈠（新增）註冊（見圖 4-3）：識別名稱和密碼是必須提供的資料，其餘資料可免填，惟便於日後的聯絡，仍請盡量提供，因爲您的個人資料是用密碼保護，並不會外洩。英文（新增）註冊畫面見圖 4-4。

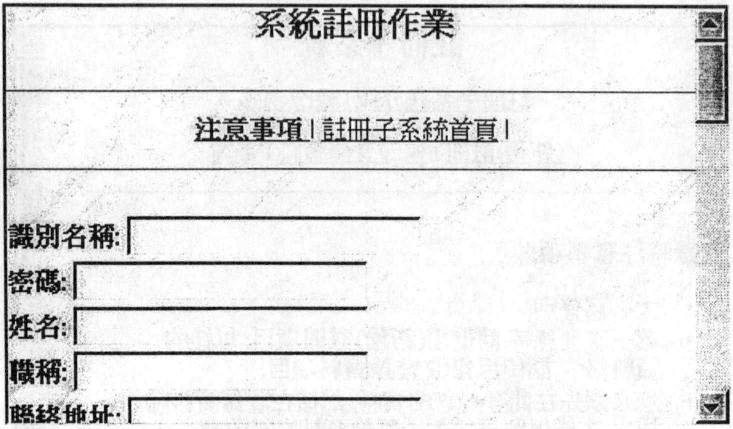

系統註冊作業

注意事項 | 註冊子系統首頁 |

識別名稱:
密碼:
姓名:
職稱:
聯絡地址:

圖 4-3. 註冊子系統（新增）註冊畫面

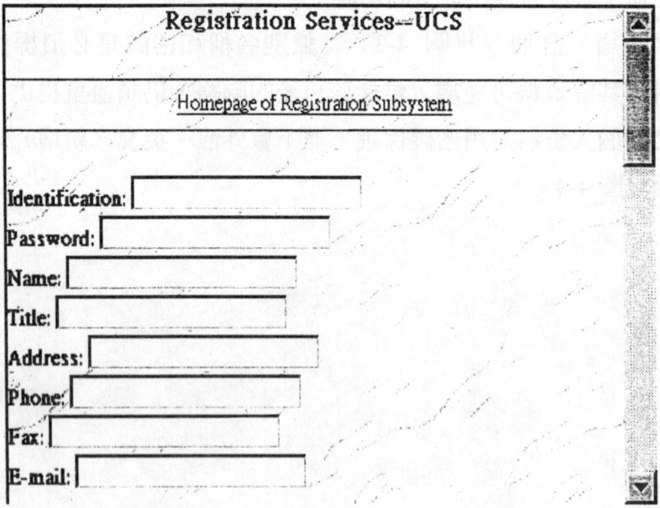

Registration Services--UCS

Homepage of Registration Subsystem

Identification:
Password:
Name:
Title:
Address:
Phone:
Fax:
E-mail:

圖 4-4. The Web page of Registration.

㈡修改註冊資料（見圖 4-5）：可用來更正您先前登錄的個人資料，包括姓名、職稱、地址、電話、傳真、電子郵件地址。識別名稱無法自行修改，若須更動請聯絡系統管理者。

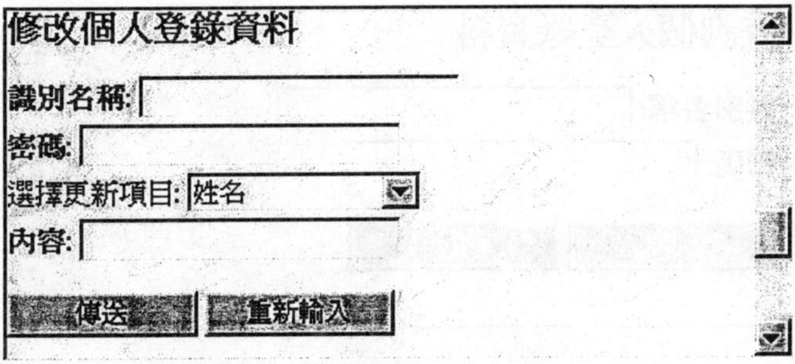

修改個人登錄資料

識別名稱:

密碼:

選擇更新項目: 姓名

內容:

傳送　重新輸入

圖 4-5.　註冊子系統修改註冊資料畫面

㈢修改密碼（見圖 4-6）：用來更改個人密碼。

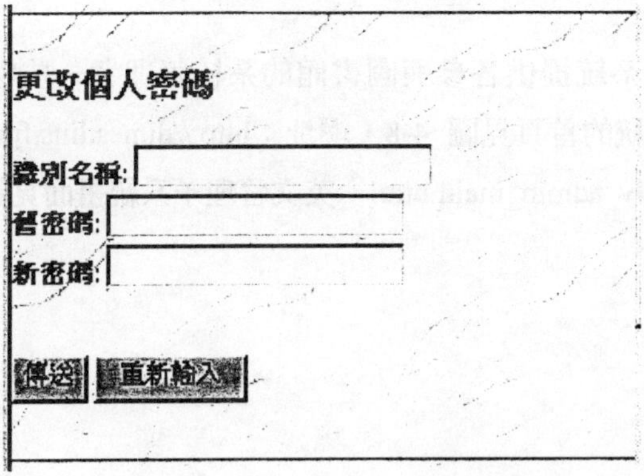

更改個人密碼

識別名稱:

舊密碼:

新密碼:

傳送　重新輸入

圖 4-6.　註冊子系統修改密碼畫面

㈣查詢（見圖 4-7）：輸入您個人的識別名稱和密碼，即可查詢您先前登錄的個人資料，此查詢功能有密碼保護，所以他人無法得知您的個人資料。

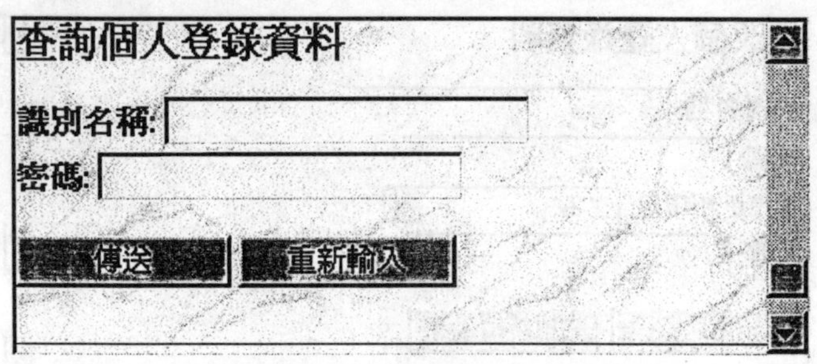

圖 4-7. 註冊子系統查詢畫面

第三節　管理子系統

管理子系統提供各參與圖書館的系統管理者一些線上的管理工具，此子系統的首頁見圖 4-8，網址：http://dimes.lins.fju.edu.tw/ucsiv/chionese/ucsiv_admin_main.html。英文管理子系統畫面見圖 4-9。

中文聯合館藏系統(UCS)
管理子系統

管理者專用，非授權人員請勿使用

增加圖書館員 | 刪除圖書館員

圖書館員查詢 | 會員機構清單

查詢 URN 擁有者 | 更改 URN 擁有者

刪除整筆記錄(URN)

圖 4-8.　UCS 管理子系統首頁

United Chinese System (UCS)
Administration Sub-system

Administrators ONLY, unauthorized persons keep off.

Add Librarians | Delete Librarians

Librarians Query | Organization List

owner query | Change owner

Delete Records(URN)

圖 4-9.　The Web page of administrative sub-system.

管理子系統有增加圖書館員、刪除圖書館員、圖書館員查詢、會員機構清單、查詢 URN 擁有者、更改 URN 擁有者、刪除整筆記錄（URN）等七個項目，分別介紹如下：

㈠增加圖書館員（見圖 4-10）：就資料著錄而言，UCS 是一個封閉的系統，祇有經過系統管理者核准的館員方能著錄資料，以維護資料的品質。加入館員的程序，是由館員先自行註冊，再告知系統管理者其所使用的識別名稱，由管理者利用此功能將其加入著錄館員行列。英文增加圖書館員畫面見圖 4-11。

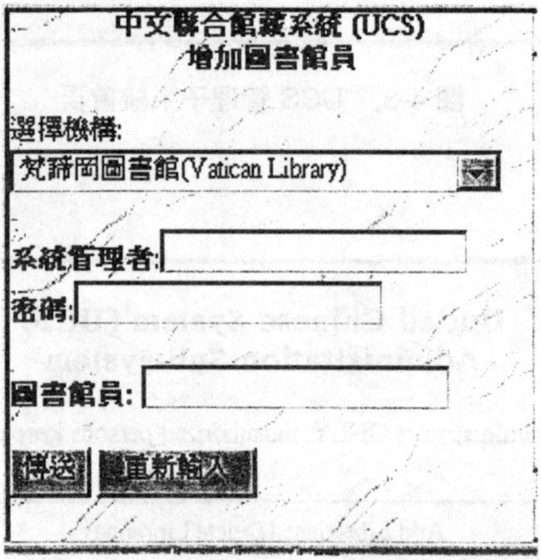

中文聯合館藏系統 (UCS)
增加圖書館員
選擇機構:
梵諦岡圖書館(Vatican Library)
系統管理者:
密碼:
圖書館員:
傳送 重新輸入

圖 4-10. 管理子系統增加圖書館員畫面

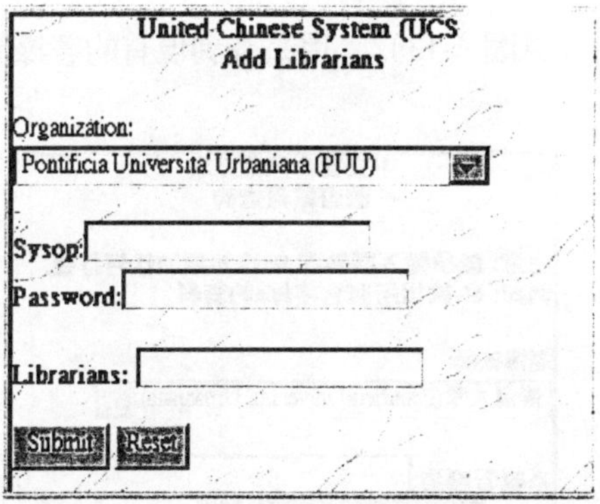

United Chinese System (UCS
Add Librarians

Organization:
Pontificia Universita' Urbaniana (PUU)

Sysop:
Password:

Librarians:

Submit Reset

圖 4-11. The Web page of adding librarians.

㈡刪除圖書館員（見圖 4-12）：將不再擔任著錄的館員，從著錄館員行列中移除。由於在 UCS 中，資料是有保護的，除了系統管理者外，是不允許修改別人的資料，因此在刪除著錄館員時，須同時指定繼承資料的館員。

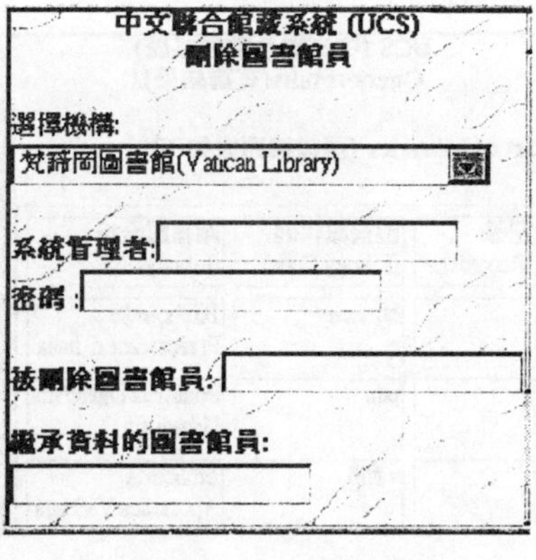

中文聯合館藏系統 (UCS)
刪除圖書館員

選擇機構:
梵諦岡圖書館(Vatican Library)

系統管理者:
密碼：

被刪除圖書館員:

繼承資料的圖書館員:

圖 4-12. 管理子系統刪除圖書館員畫面

㈢圖書館員查詢（見圖 4-13）：用來查詢現有的著錄館員。

中文聯合館藏系統
圖書館員查詢

注意: 祇須鍵入關鍵字,前後無須加任何符號.
例如: e--找出所有含字母e的資料

選擇機構:
傳信大學(Pontificia Universita' Urbaniana)

系統管理者:

密碼:

圖書館員:

圖 4-13. 管理子系統查詢圖書館員畫面

㈣會員機構清單（查詢結果範例見圖 4-14）：用來查詢參與 UCS 的會員機構。

UCS (中文聯合館藏系統)
Query results(查詢結果)

List of Libraries (圖書館列表如下):

記錄 (Records)	圖書館代碼 (Library Code)	圖書館全稱 (Library)
1	ofmconv	BibPioteche Francescane d`Italia
2	puu	Pontificia Universita Urbaniana
3	vatlib	Biblioteca Apostolica Vaticana

圖 4-14. 管理子系統會員機構清單查詢結果範例

㈤查詢 URN 擁有者（見圖 4-15）：用來查詢著錄資料的擁有者（即著錄館員）。

圖 4-15.　管理子系統查詢 URN 擁有者畫面

㈥更改 URN 擁有者（見圖 4-16）：用來變更著錄資料的擁有者。

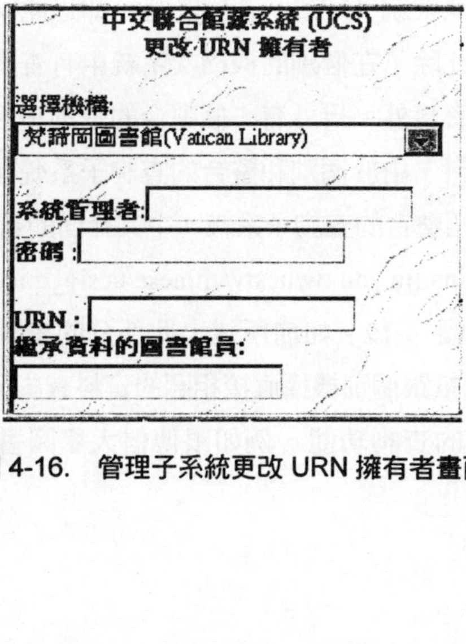

圖 4-16.　管理子系統更改 URN 擁有者畫面

㈦刪除整筆記錄（見圖 4-17）：系統管理者用來刪除整筆記錄。

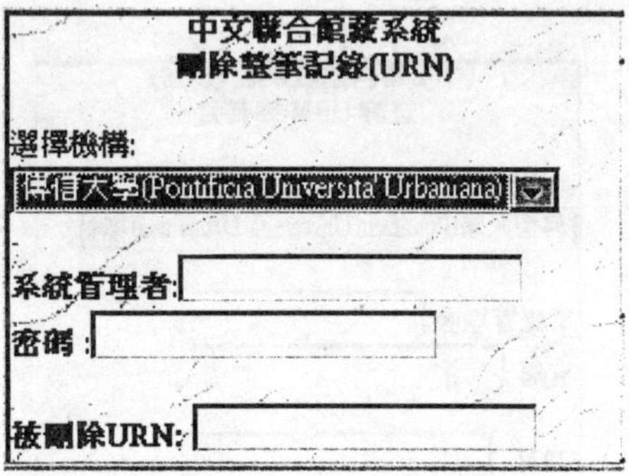

中文聯合館藏系統
刪除整筆記錄(URN)

選擇機構:
傳信大學(Pontificia Universita' Urbaniana)

系統管理者:
密碼 :
被刪除URN:

圖 4-17. 管理子系統刪除整筆記錄畫面

第四節　查詢子系統

中文聯合館藏系統（UCS）在設計時，即以能同時容納許多機構爲主要考量，因此除了在個別的機構次系統中有查詢子系統，可用來查詢個別機構的資料外。另外有一個整合的查詢子系統，可以查詢所有參與機構的資料。由於個別和整合的查詢子系統在功能與外貌上均相似，因此祗介紹整合的查詢子系統。中文介面的首頁見圖 4-18，網址：http://dimes.lins.fju.edu.tw/ucsiv/chinese/ucsiv_query _main.html；英文介面的首頁見圖 4-19。如前所述，此部分的查詢，基本上是針對 UCS 整體，因此祗跟個別機構直接相關的資料查詢，請使用在個別機構次系統內提供的查詢功能，例如跟傳信大學圖書館直接相關的查詢，請使用 PUU（傳信大學圖書館的代碼）次系統內的查詢功能。

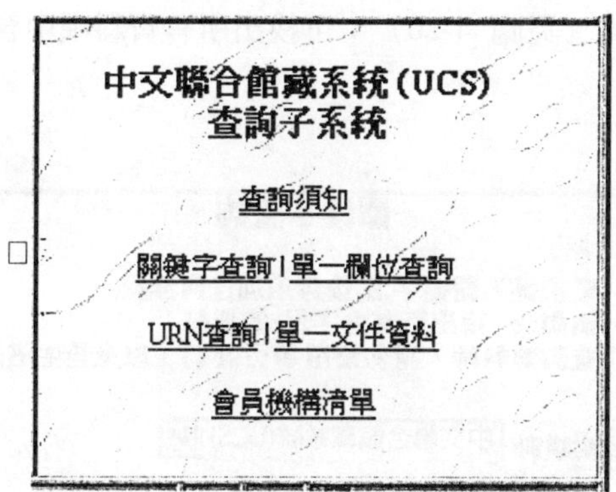

圖 4-18.　UCS 查詢子系統中文介面的首頁

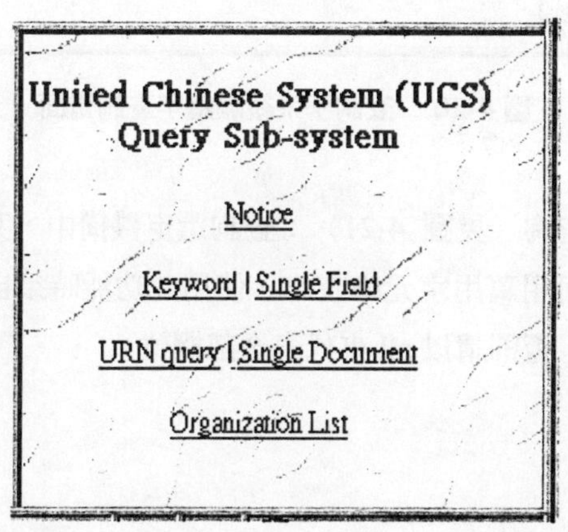

圖 4-19.　The Web page of query sub-system.

查詢子系統有關鍵字查詢、單一欄位查詢、URN 查詢、單一文件資料、會員機構清單等五個項目，分別介紹如下：

㈠關鍵字查詢（見圖 4-20）：可找出所有資料項中含指定字串的資料。

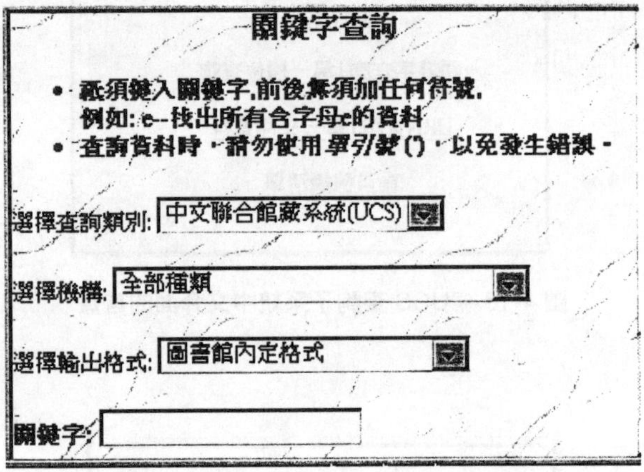

關鍵字查詢

• 祇須鍵入關鍵字,前後無須加任何符號.
例如: e--找出所有含字母e的資料
• 查詢資料時，請勿使用單引號(')，以免發生錯誤。

選擇查詢類別: 中文聯合館藏系統(UCS)

選擇機構: 全部種類

選擇輸出格式: 圖書館內定格式

關鍵字:

圖 4-20. 查詢子系統關鍵字查詢畫面

㈡單一欄位查詢（見圖 4-21）：查詢選定機構中，某個特定資料項的資料，可用萬用字元來查詢。使用此功能時須自行輸入正確的欄位名稱，否則請以 all 來代表全部欄位。

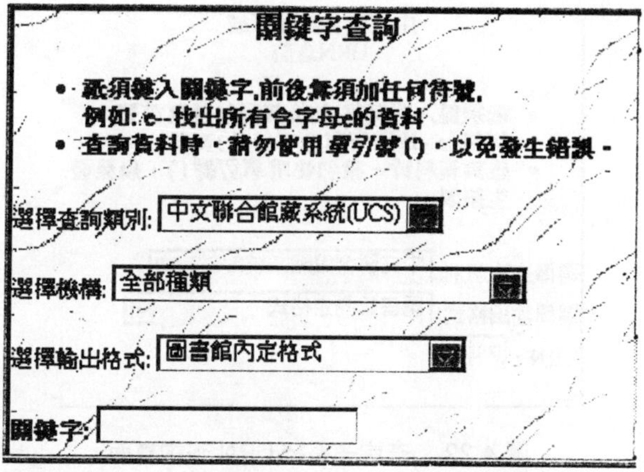

關鍵字查詢

- 祇須鍵入關鍵字,前後無須加任何符號,
  例如: e--找出所有含字母e的資料
- 查詢資料時，請勿使用單引號(')，以免發生錯誤。

選擇查詢類別: 中文聯合館藏系統(UCS)

選擇機構: 全部種類

選擇輸出格式: 圖書館內定格式

關鍵字:

圖 4-21.　查詢子系統單一欄位查詢畫面

㈢ URN 查詢（見圖 4-22）：利用關鍵字找出相關的 URN 資料。如果使用機構代碼，則可查出指定機構的所有資料。例如鍵入 puu（傳信大學圖書館的代碼），可查到傳信大學圖書館的所有資料。所有參與機構的代碼，可以利用下面的會員機構清單查詢項目來查出。

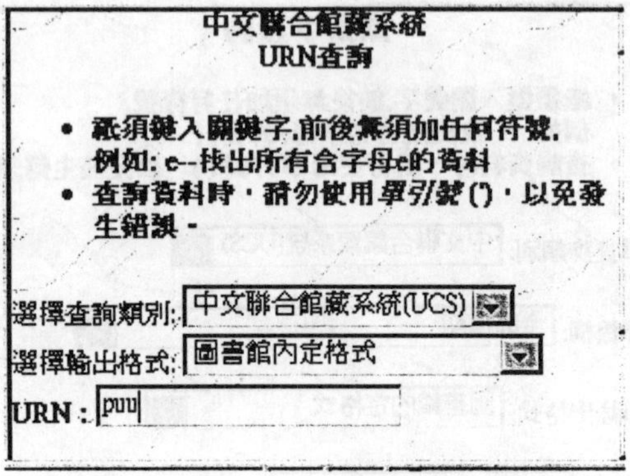

中文聯合館藏系統
URN查詢

- 祇須鍵入關鍵字,前後無須加任何符號.
例如: e--找出所有含字母e的資料
- 查詢資料時，請勿使用單引號(')，以免發生錯誤。

選擇查詢類別: 中文聯合館藏系統(UCS)
選擇輸出格式: 圖書館內定格式
URN : puu

圖 4-22. 查詢子系統 URN 查詢畫面

㈣單一文件資料（見圖 4-23）：取得指定 URN 的所有資料，若選擇 HTML 格式，則可得到符合第五次研討會所訂的輸出規格（HTML 4.0 格式），如圖 4-24 所示。

中文聯合館藏系統(UCS)輸出

注意: 請自行選擇輸出格式

選擇查詢類別: 中文聯合館藏系統(UCS)
選擇機構:
傳信大學(Pontificia Universita' Urbaniana)
選擇輸出格式 (output format):
HTML 格式
URN: ucs:puu:00015

圖 4-23. 查詢子系統單一文件資料查詢畫面

欄位資料列表如下:

若要將 *都柏林核心集資料* 併入 HTML 文件:
請將下列以 **<META** 開頭的資料 自行複製置入
HTML 文件的 <HEAD>和 </HEAD>之間即可

<META NAME="DC.Title " SCHEME="羅馬拼音 (Pinyin)" CONTENT="Tung-hsi wen-hua chi ch`i che-hsueh">
<META NAME="DC.Title " CONTENT="東西文化及其哲學">
<META NAME="DC.Creator " SCHEME="羅馬拼音 (Pinyin)" CONTENT="Liang Shou-ming">
<META NAME="DC.Creator " CONTENT="梁漱溟">
<META NAME="DC.Publisher .出版地 (Publisher`s Address) " CONTENT="Hong Kong">
<META NAME="DC.Date " CONTENT="s.d.">
<META NAME="DC.Format .冊數 (Volume) " CONTENT="1">

圖 4-24.　查詢子系統單一文件資料查詢的結果畫面

㈤會員機構清單：請參照管理子系統會員機構清單查詢的項目。

第五節　UCS 的輸出介面

除了在上述介紹查詢子系統的單一文件資料查詢時，所展示之 HTML 4.0 格式外，UCS 尚有其它數種不同的格式，分別爲系統內定格式、圖書館內定格式、圖書館次項目格式、圖書館次項目＋無拼音格式等四種格式，以滿足不同專業人士的習慣與需求。現在將上述四種格式分別介紹如下：

㈠系統內定格式（顯示畫面見圖 4-25）：這是 UCS 沿襲 DIMES 系統而來的顯示格式，基本上是屬於 Web 型態格式。

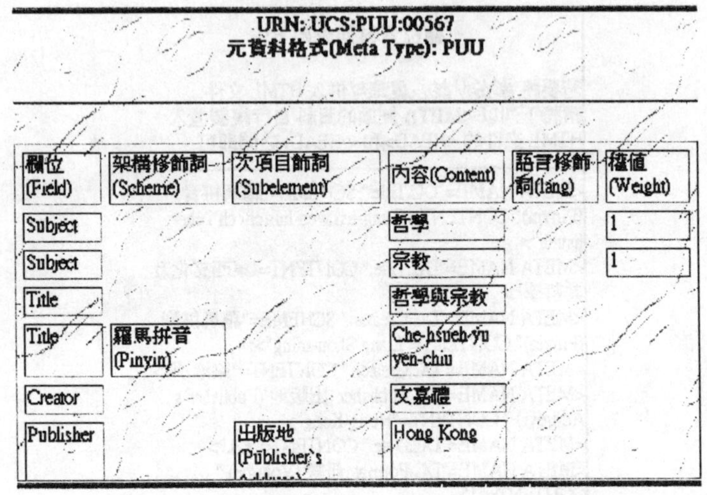

URN: UCS:PUU:00567
元資料格式(Meta Type): PUU
欄位 (Field)
架構修飾詞 (Scheme)
次項目飾詞 (Subelement)
內容(Content)
語言修飾詞(lang)
權值 (Weight)
Subject
哲學
1
Subject
宗教
1
Title
哲學與宗教
Title
羅馬拼音 (Pinyin)
Che-hsueh-yu yen-chiu
Creator
文嘉禮
Publisher
出版地 (Publisher's
Hong Kong

圖 4-25. UCS 設定成系統內定格式時的顯示畫面

㈡圖書館內定格式（顯示畫面見圖 4-26）：對於許多圖書館員而言，傳統的 OPAC 顯示方式是較為習慣和偏好的。一位梵諦岡圖書館負責中文館藏的館員，在測試 UCS 時提出模擬 OPAC 顯示方式的建議。另一方面，使用系統內定格式時，在書目資料較多的情況下，會使得顯示之篇幅長度過長，這也是較顯著的缺點。於是筆者乃模擬 OPAC 顯示方式，創造了此種較簡潔的顯示格式。如下圖所示，在圖書館內定格式中，權值已被省略，同時修飾詞與欄位的內容合併，修飾詞以{ }區分並置放於前面。

欄位(Field)	內容(Content)
Subject	哲學
Subject	宗教
Title	哲學與宗教
Title	[羅馬拼音(Pinyin)] Che-hsueh yu yen-chiu
Creator	文嘉禮
Publisher	[出版地 (Publisher`s Address)] Hong Kong
publisher	Chen-li hsueh-hui
Date	1953
Format	[高廣尺寸(Size)] 19cm
Format	[頁數(Page)] 12+5+276
Format	[冊數(Volume)] 1

圖 4-26.　UCS 設定成圖書館內定格式時的顯示畫面

㈢圖書館次項目格式（顯示畫面見圖 4-27）：此種顯示格式是從圖書館內定格式演變而來。主要是考慮到都柏林核心集祇有 15 個基本欄位，因此在使用圖書館內定格式，往往發現許多不同種類資料，雖然其次項目修飾詞的名稱不同，但是欄位名稱卻都是一樣的。為了使畫面之顯示更為清楚，假若次項目修飾詞（RDF 之項目修飾詞）存在，則將其用來取代欄位名稱。

欄位(Field)	內容(Content)
Subject	哲學
Subject	宗教
Title	哲學與宗教
Title	{羅馬拼音(Pinyin)} Che-hsueh yu yen-chiu
Creator	文嘉禮
出版地 (Publisher`s Address)	Hong Kong
publisher	Chen-li hsueh-hui
Date	1953
高廣尺寸 (Size)	19cm
頁數 (Page)	12+5+276

圖 4-27. UCS 設定成圖書館次項目格式時的顯示畫面

㈣圖書館次項目+無拼音格式：此種顯示格式很明顯是圖書館次項目格式的變身。主要是在非華語地區，爲了協助不熟悉中文的讀者查詢資料，往往將資料以羅馬或其他拼音法拼音，例如梵諦岡傳信大學圖書館。但是顯示書目資料時，有些館員認爲不必要再顯示多餘的拼音資料，在此種情況下，可選擇此格式來過濾掉拼音資料。

第六節　著錄子系統

由於個別機構的著錄項目不盡相同，因此著錄子系統都是附屬在個別機構的次系統下。雖然如此，個別機構的著錄子系統皆有如下四個共同的項目：

(一)全部項目著錄：因爲 UCS 是透過 Web 網頁作爲其輸入介面，可充分利用網頁的彈性，來對個別機構的輸入需求來量身打造，例如圖 4-28 和 4-29 分別爲梵諦岡傳信大學圖書館中文與英文的全部項目著錄畫面（依照其既有之卡片目錄格式製作而成），圖 4-30 爲梵諦岡教廷圖書館的全部項目著錄畫面（僅供測試用）。

著錄項目:

1. 索書號（Call Number）: PUU-
2. 書名 (Title):
3. 羅馬拼音書名 (Pinyin):
4. 著者 (Author):
5. 出版者 (Publisher):
6. 出版日期 (Date):
7. 出版地 (Publisher's Address):
8. 印製者 (Printer):
9. 高廣尺寸 (Size):
10. 頁數 (Page):
11. 冊數 (Volume):
12. 主題和關鍵詞 (Subject):

圖 4-28.　梵諦岡傳信大學圖書館之全部項目著錄部分畫面

Fields:

1. Call Number: PUU-
2. Title:
3. Title (Pinyin):
4. Author:
5. Publisher:
6. Publisher's Address:
7. Printer:
8. Date:
9. Size:
10. Page:
11. Volume:

圖 4-29. The partial cataloging page of Pontifical Urbaniana University.

1. 索書號（Call Number）: VATLIB-
2. 入藏號（Access Number）: VATLIB-
3. 題名 (Title):
4. 語種 (Language):
5. 文獻種類 (Type):
6. 羅馬拼音書名 (Pinyin):
7. 並列題名 (Parallel Title):
8. 著者 (Author):
9. 版本 (Edition):
10. 出版者 (Publisher):

圖 4-30. 梵諦岡圖書館之全部項目著錄部分畫面

㈡單一項目著錄（見圖 4-31）：當某些較特殊的書目資料，無法利用全部項目著錄畫面來輸入時，可以用此功能來一次著錄一個資料項。

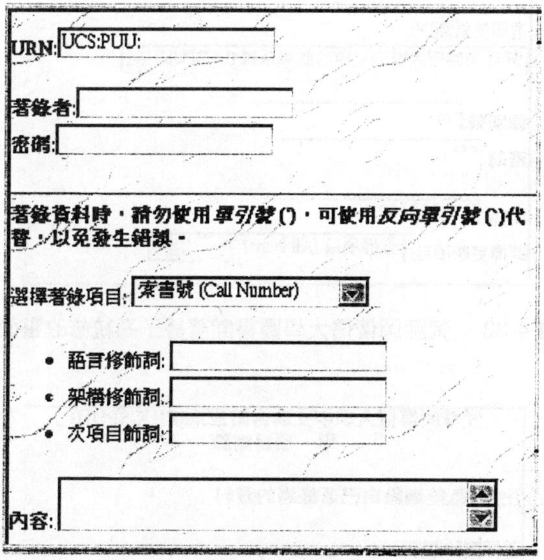

URN: UCS:PUU:

著錄者:

密碼:

著錄資料時，請勿使用*單引號*(')，可使用*反向單引號*(`)代替，以免發生錯誤。

選擇著錄項目: 索書號 (Call Number)

- 語言修飾詞:
- 架構修飾詞:
- 次項目飾詞:

內容:

圖 4-31.　單一項目著錄部分畫面

㈢修改（見圖 4-32）：您可隨時更新您先前著錄過的資料，更新時系統會先核對識別名稱和密碼，因此可確保資料的安全。

㈣刪除（見圖 4-33）：您可將先前著錄過的錯誤資料刪除，更新時系統會先核對識別名稱和密碼。

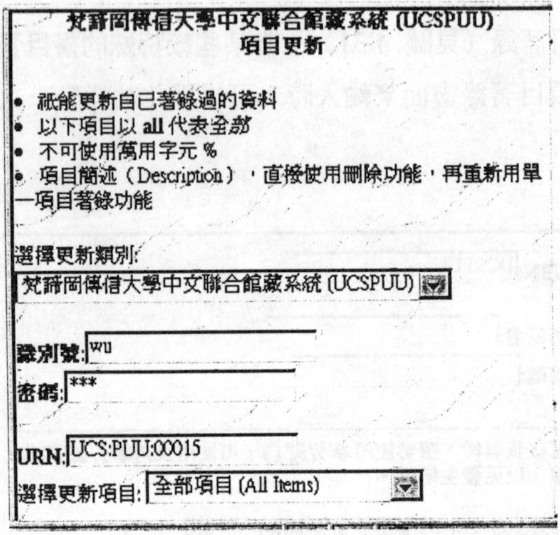

梵諦岡傳信大學中文聯合館藏系統 (UCSPUU)
項目更新

- 祇能更新自己著錄過的資料
- 以下項目以 all 代表全部
- 不可使用萬用字元 %
- 項目簡述（Description），直接使用刪除功能，再重新用單一項目著錄功能

選擇更新類別:
梵諦岡傳信大學中文聯合館藏系統 (UCSPUU)

識別號: wu
密碼: ***

URN: UCS:PUU:00015
選擇更新項目: 全部項目 (All Items)

圖 4-32.　梵諦岡傳信大學圖書館著錄子系統修改畫面

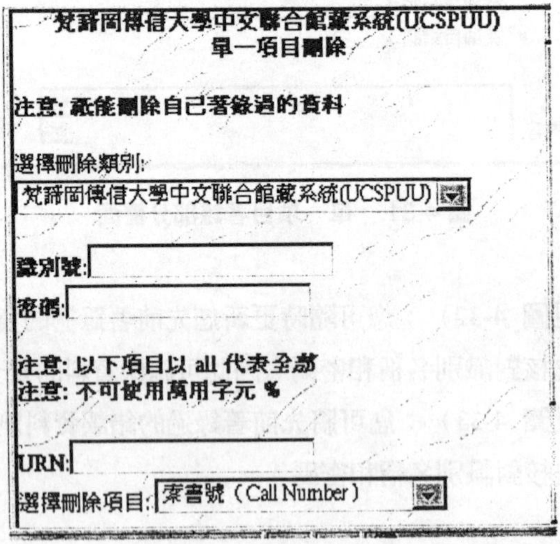

梵諦岡傳信大學中文聯合館藏系統(UCSPUU)
單一項目刪除

注意: 祇能刪除自己著錄過的資料

選擇刪除類別:
梵諦岡傳信大學中文聯合館藏系統(UCSPUU)

識別號:
密碼:

注意: 以下項目以 all 代表全部
注意: 不可使用萬用字元 %

URN:
選擇刪除項目: 索書號（Call Number）

圖 4-33.　梵諦岡傳信大學圖書館著錄子系統刪除畫面

第五章　未來發展與結語

都柏林核心集自 1995 年 3 月誕生以來，至今不但在眾多的元資料（Metadata）中，已固定佔有一席之地，還變成國際間熱門的研究話題，漸有獨佔熬頭的趨勢。

簡單的回顧其歷史❶，可以發現都柏林核心集發展的非常快速，在 1996 年 9 月第三次研討會後不久，即以確立現在所使用的 15 個項目，此部份現在已在標準化的過程中。接著在 1997 年 3 月第四次研討會，提出了修飾詞（Qualifier）的架構。

到 1997 年 10 月的第五次研討會，都柏林核心集大體上已成熟，不但確立了 DC/HTML 4.0 的格式（請參考本書第一章中有關修飾詞的介紹），世界各地也有眾多的都柏林核心集系統在運作，例如北歐元資料計畫（Nordic Metadata Project）、澳洲的分散式系統技術中心（DSTC）和作者的元資料實驗系統（MES）。❷

自第五次研討會後，由於若干新技術的成熟，尤其是資源描述架構（RDF）的興起和發展成熟，對都柏林核心集的呈現格式和修飾詞

---

❶ 吳政叡，機讀編目格式在都柏林核心集的應用探討，（臺北市：學生，民國 87 年 12 月），頁 26-43。

❷ 吳政叡，都柏林核心集與元資料系統，（臺北市：漢美，民國 87 年 5 月），頁 105-162。

部份產生很大的影響。由於 DC/RDF 的架構可望在第七次研討會中被接受，爲了使讀者能及早一窺其將來可能的面貌，作者根據資料模型工作小組 1999 年 7 月 1 日所發表的草案 Guidance on expressing the Dublin Core within the Resource Description Framework (RDF) ❸，介紹 DC/RDF 的模型、實作機制、呈現格式。

第一節　DC/RDF 模型

由於 W3C 講述資源描述架構（RDF）的文件通常使用 XML 作爲語法的呈現工具，因此資料模型工作小組的草案也是沿襲此作法，草案中的例子是以 XML 的語法來呈現。因爲 RDF 和 XML 已成熱門話題，坊間已有眾多的文章或書籍介紹二者，因此有關 RDF 和 XML 的基本介紹，請讀者自行參閱相關文獻，或者 W3C 的網站（http://www.w3.org/TR/），作者不在此贅述，而將重心集中在 DC/RDF 的模型介紹。

基本上 RDF 是一個與任何特定語法無關的抽象的資料（表達）模式，用來呈現資源（Resource）的特性（Property）與其值（Value）三者的關係。而所謂的「特性」（Property），可能是❹

資源的屬性：如題名、著者等，都柏林核心集的題名（Title）欄

❸ E. Miller, P. Miller and D. Brickley, "Guidance on expressing the Dublin Core within the Resource Description Framework (RDF)," 1 July 1999, <http://www.ukoln.ac.uk/metadata/resources/dc/datamodel/WD-dc-rdf/WD-dc-rdf-19990701.html>.

❹ 同註❷，頁 166。

位即是歸屬於這類。

資源間的關係：都柏林核心集的關連（Relation）和來源（Source）兩欄位即屬於這類範疇。

例如圖 5-1 中的資源（Resource）爲網頁 http://dimes.lins.fju.edu.tw，Creator 乃是此資源的其中一個「特性」（Property），而此特性的值（Value）爲 Cheng-Juei Wu。由圖 5-1 可知，在 RDF 的圖形表示方式上，以橢圓形代表資源（Resource），箭頭代表特性（Property），矩形代表值（Value）。在此要特別提醒讀者，RDF 祇以這三種非常基本的組件，來表達任何的語意結構，因此勿將資源、特性、值做太狹隘的認定。

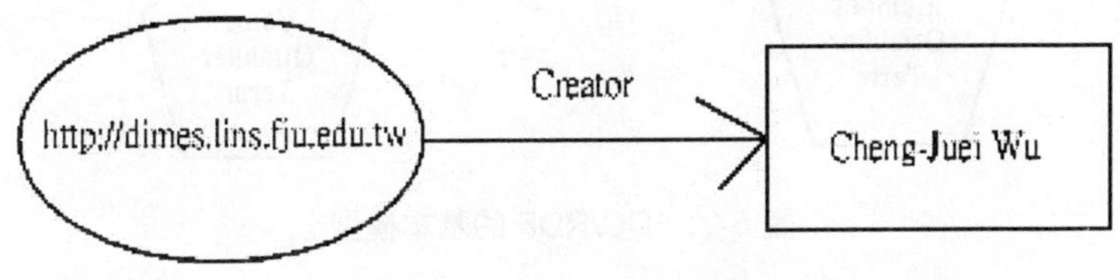

圖 5-1. RDF 的基本架構

以 XML 的語法來表示爲❺

```
<rdf:RDF>
    <rdf:Description about="http://dimes.lins.fju.edu.tw">
```

❺ O. Lassila and R. R. Swick, “Resource Description Framework (RDF) Model and Syntax Specification,” 22 Feb. 1999, <http://www.w3.org/TR/1999/REC-rdf-syntax-19990222>, p. 8.

```
        <s:Creator>Cheng-Juei Wu</s:Creator>
    </rdf:Description>
</rdf:RDF>
```

在了解 RDF 的基本架構後，再來看資料模型工作小組提出的 DC/RDF 基本模型（圖 5-2）。❻

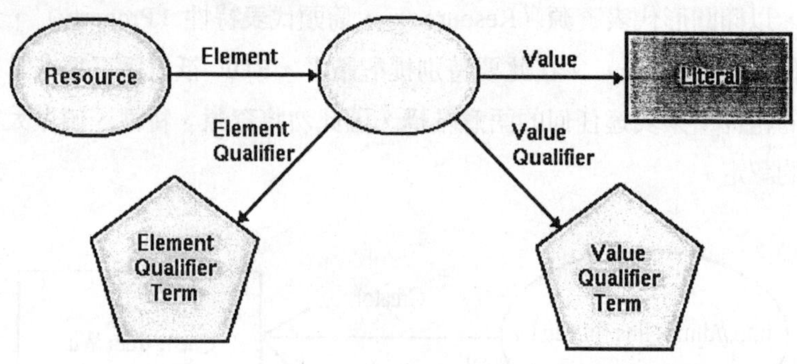

圖 5-2.　DC/RDF 的基本模型

在圖 5-2 中的 Resource（資源），其意義參見上面的解釋，主要是以 URI 的格式來表達。Element（項目）主要是指都柏林核心集的 15 個基本欄位（或項目），很明顯的，它們是資源的特性（Property）。

由於每個欄位的內容，可再被多種修飾詞（Qualifier）來修飾，形成一個複雜的結構體（Entity），在 RDF 的基本模型中是被視爲

❻　同註❸，頁 11。

Resource（資源），因此在圖 5-2 中也以橢圓形來表示，並且通常含有以下的特性（Property）——Value、Element Qualifier（項目修飾詞）、Value Qualifier（內容值修飾詞）。其中的特性 Value 是用來指出欄位的內容值。

內容值修飾詞（Value Qualifier）與 DC/HTML 之架構修飾詞（Scheme Qualifier）約略對映，用來指示內容值的編碼方式或是架構，例如 LCSH 和 ISBN 等；項目修飾詞（Element Qualifier）則與 DC/HTML 之次項目修飾詞（Subelement Qualifier）約略對映，用來進一步釐清欄位（或項目）與資源的關係，例如以欄位題名（Title）而言，包含有並列題名（Parallel Title）、副題名（Subtitle）、書背題名（Spine Title）、翻譯題名（Translated Title）、封面題名（Cover Title）等。

就都柏林核心集的修飾詞實作機制而言，DC/RDF 是採用「集合－次集合－元素」的方式，以下是一個實例：❼

```
<dc:identifier>
    <rdf:Description>
        <rdf:value> 957-15-0930-2</rdf:value>
        <dcq:identifierScheme>
            <dct:ISBN />
        </dcq: identifierScheme >
```

---

❼　同註❸，頁 21。

</rdf:Description>

</dc: identifier>

上例若以數學中集合（Set）的術語來闡釋，是以內容值修飾詞（Value Qualifier）爲集合的名稱，以資源識別代號架構（identifierScheme）爲次集合名稱，而 ISBN 爲次集合中的元素（Element）。所以 DC/RDF 的修飾詞實作機制是「集合－次集合－元素」，其中集合可以 Value Qualifier 或 Element Qualifier 來替換，次集合爲 identifierScheme 或 identifierType 等，元素則由相關的內容值（例如 ISBN）來取代。

此外爲了使每個名稱的意義明確，也引入了 Namespace（名稱空間）的概念，簡言之，是由一群名稱（或控制詞彙）所組成的集合。由上例中可知，資料模型工作小組提出的草案中，引入了三個與都柏林核心集相關的名稱空間，其代稱分別爲 dc、dcq、dct。❽

dc 爲 Dublin Core Namespace 的代稱，是由都柏林核心集的 15 個基本欄位名稱所組成，例如 Title、Identifier、Format 等，全部的欄位名稱請參閱第一章中關於基本欄位的介紹，上例中<dc:identifier>即是使用名稱空間 dc。

dcq 爲 Dublin Core Qualifier Namespace 的代稱，是由內容值修飾詞（Value Qualifier）和項目修飾詞（Element Qualifier）的名稱所組成，例如 TitleType 與 IdentifierScheme 等，上例中<dcq:identifierScheme>即是使用名稱空間 dcq。

---

❽ 同註❸，頁 16。

dct 爲 Dublin Core Terms Namespace 的代稱，是由內容值修飾詞彙（Value Qualifier Term）和項目修飾詞彙（Element Qualifier Term）的名稱所組成，例如 ISBN、illustrator、並列題名（Parallel Title）等，上例中<dct:ISBN />即是使用名稱空間 dct。

以下是上述例子的另外一種表達方式（但包含名稱空間的宣告），其 RDF 的圖示爲圖 5-3：❾

```
<?xml version='1.0'?>
<rdf:RDF xmlns:rdf="http://www.w3.org/1999/02/22-rdf-
syntax-ns#"
         xmlns:dc = "http://purl.org/dc/elements/1.0/"
         xmlns:dcq="http://purl.org/dc/qualifiers/1.0/">
<rdf:Description rdf:about = "機讀編目格式在都柏林核心
集的應用探討">
<dc:identifier>
  <rdf:Description>
     <rdf:value>957-15-0930-2</rdf:value>
   <dcq:identifierScheme>ISBN</dcq:identifierScheme>
  </rdf:Description>
</dc: identifier>
</rdf:Description>
</rdf:RDF>
```

❾　同註❸，頁 22。

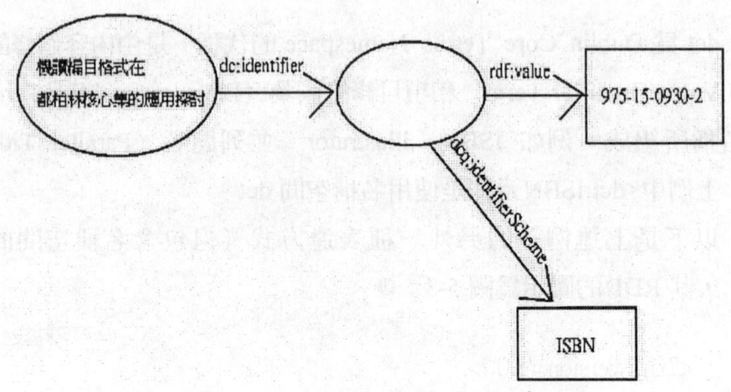

圖 5-3. 一個含內容值修飾詞的 RDF 圖示

此外 DC/RDF 也引進內容值成份（Value Component）的概念，主要是與個別資源無關的資料，例如作者的 e-mail、網頁網址、電話、住址等，其呈現的形式如下：❿

```
<?xml version='1.0'?>
<rdf:RDF xmlns:rdf="http://www.w3.org/1999/02/22-rdf-
syntax-ns#"
        xmlns:dc = "http://purl.org/dc/elements/1.0/"
        xmlns:vcard="http://www.imc.org/vcard/3.0/">
<rdf:Description rdf:about = "機讀編目格式在都柏林核心
集的應用探討">
<dc:creator>
```

❿ 同註❸，頁 23。

```
<rdf:Description>
  <vcard:fn>Cheng-Juei Wu</vcard:fn>
  <vcard:email>lins1022@mails.fju.edu.tw</vcard:email>
  <vcard:org>Fu-Jen University</vcard:org>
</rdf:Description>
</dc:creator>
</rdf:Description>
</rdf:RDF>
```

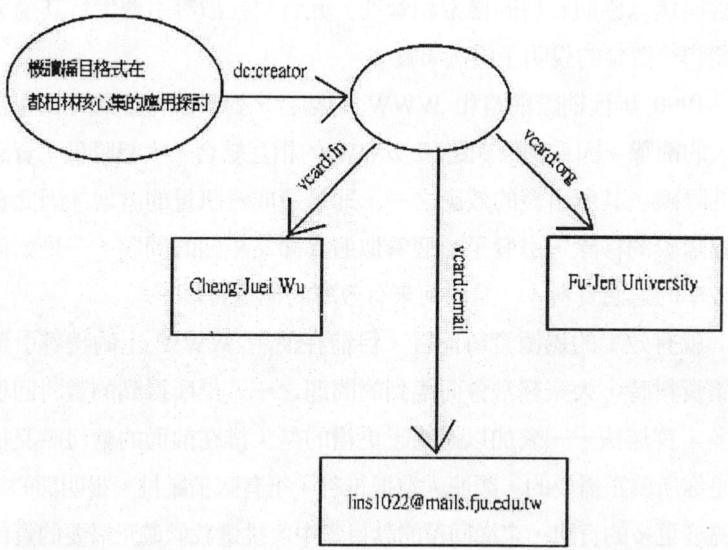

圖 5-4. 一個含內容值成份（Value Component）的 RDF 圖示

第二節　結　語

自古以來人們即不斷尋求更好的材料來儲存知識，從以前的泥土、動物骨頭、龜殼，到今日的紙張和新興的電子儲存媒體（如光碟片和磁碟片），以便知識能流傳後世。但有了材料來記載知識後，隨著儲存材料的不斷累積，如何快速找到所需要的資料，也成爲人們關心的一個課題，於是有目錄的產生，來協助資料的整理和檢索。

今日我們雖然有電腦這種強有力的工具協助，諷刺的是，我們仍然無法（在可預見的未來歲月中）避免那古老的宿命——對資料加以適當描述以協助資料的檢索和管理。元資料在搜尋引擎大行其道後逐漸興起，清楚的說明了這個事實。

1990 年代網際網路和 WWW 的結合，對資訊傳播的方式產生了重大的衝擊。因爲網際網路和 WWW 的相互結合，大幅降低了資訊傳播的障礙，其所引發的效應之一，即是造成資訊量的激增。因此資訊傳播障礙的移除，引發了二個看似迥異卻又相關的問題，一是如何來有效率的過濾資料，一是如何來有效率的描述資料。

就有效率的過濾資料而言，目前在使用 WWW 上的搜尋引擎來收集資料時，大家經常會面臨到的問題之一，是所得到的資料回覆量太多，實無法一一來加以過濾，更糟的是，排在前面的款目，又往往不是你所眞正需要的，頗使人進退維谷，祇有瞎猜亂挑。很明顯的，我們需要更多的資訊，來從回覆的款目當中，挑選我們眞正需要的資料。

就有效率的描述資料而言，由於資料量的龐大，我們已無法完全仰賴圖書館員來從事資料描述的工作，因此這些資訊必須由資料提供者來提供，所以如何制定一套簡易的資料描述格式，來有效率的描述資料，成為一個重要的課題，這正是元資料（尤其是都柏林核心集）日漸受到重視的原因。簡言之，元資料是因應現代資料處理上的二大挑戰而興起的

㈠電子檔案成為資料的主流。

㈡網路上大量文件的管理和檢索需求。

本書的完成代表在都柏林核心集上所搭建的圖書館技術服務舞臺已大致完成，首先是第二章的國際機讀編目格式轉換到都柏林核心集，機讀編目格式（MARC）到都柏林核心集的轉換對照表，不但可使都柏林核心集接收過去機讀編目格式所累積的資產，更可以用來模擬一個圖書館員所熟悉的環境，協助其瞭解和掌握新的資料格式。

由於權威記錄在書目品質控制和檢索方面，扮演著非常重要的角色，第三章中所制作的中國機讀權威記錄格式到都柏林核心集的轉換對照表，擔保書目品質控制工作，將可順利延續。

在實作的驗證上，第四章所介紹的中文聯合館藏系統（United Chinese System，簡稱 UCS），是一個都柏林核心集在圖書館的一個應用系統，充分驗證都柏林核心集在書目資料處理上的功效。

整個舞臺布置工作尚欠缺的是編目規則手冊的改寫，這部份工作已在進行中，截至目前已有數篇文章發表在國內相關的圖書館學期刊上，希望在可預見的將來，能夠整理這部份的論述成書。

在都柏林核心集方面，如同在第一章和第五章中所述，目前分成兩個模型——DC/HTML 和 DC/RDF。DC/HTML 的架構已成熟，是現行實作系統主要依據的模型，實作機制簡單且處理成本低廉。DC/RDF 模型尚在發展中，是目前看好的未來趨勢，模型完備，但相對而言較為複雜，因此處理成本較高。

那麼將來演變的情況爲何？由於未來是無法完成預知，祇能從過去的歷史經驗中找尋答案，歷史告訴我們，簡單是一個產品或者模型成功和風行的主要關鍵之一，超過需要的完備和複雜，往往成爲其致命傷。舉例而言，Web 的風行主要在採用非常簡易的 HTML 而非完備的 SGML。其他失敗的完備產品如電腦程式語言 Ada，而今日都柏林核心集的發展之所以能逐漸凌駕其他元資料，正因爲其簡單的特性。

另一方面，一個產品或者模型若未能體察到時代的趨勢，也會很快的被市場所淘汰，例如在 Web 之前興起的 Gopher 系統即是最好的例證。因此一個產品或者模型，既不能走得太快，也不能停滯不前，如何拿捏尺寸，考驗著掌舵者（或者團體）的智慧。

爲了避免上述的兩難情況，作者認爲都柏林核心集在現階段的發展重心，不應放在模型的建構上，而應該在新領域的拓展和大規模的實作上。這是因爲都柏林核心集的欄位內容往往已有自我解釋的功能，檢索時也是以欄位內容爲主，修飾詞的主要功能，在避免欄位內容的誤解和協助進一步縮小搜尋的範圍與數量。因此一味追求理論和模型的完備，將無可避免引入不必要的複雜和增加處理成本。而新領域的拓展和大規模的實作，可讓實際上產生的困難和需求，來自然的領導模型的修改和建構，既可避免不必要的複雜，也不會停滯不前，實可謂一舉兩得。

最後要提出的，是修飾詞的彈性問題，都柏林核心集之所以能風行，除了簡單外，還有彈性。簡單反映在祇有 15 個欄位，彈性反映在修飾詞的使用上，修飾詞讓都柏林核心集可適度調整來適應地域性的獨特需求，所以修飾詞的內容值不可訂死，否則將大大減低都柏林核心集的威力。

中文索引

九劃

十劃

十一劃

十二劃

二十一劃

二十二劃

英文索引

國家圖書館出版品預行編目資料

都柏林核心集在
UNIMARC 和機讀權威記錄格式的應用探討

吳政叡著.— 初版.— 臺北市：臺灣學生，1999[民 88]
面；公分，含索引

ISBN 957-15-0990-6 (精裝)
ISBN 957-15-0991-4 (平裝)

312.972　　　　88013796

都柏林核心集在
UNIMARC 和機讀權威記錄格式的應用探討

著作者：吳政叡
出版者：臺灣學生書局
發行人：孫善治
發行所：臺灣學生書局
臺北市和平東路一段一九八號
郵政劃撥帳號00024668號
電話：(02)23634156
傳真：(02)23636334

本書局登記證字號：行政院新聞局局版北市業字第玖捌壹號

印刷所：宏輝彩色印刷公司
中和市永和路三六三巷四二號
電話：(02)22268853

定價：精裝新臺幣三一〇元
平裝新臺幣二四〇元

西元一九九九年十月初版

02326

ISBN 957-15-0990-6 (精裝)
ISBN 957-15-0991-4 (平裝)